Kevin Goldstein-Jackson
Experimente – spielend leicht

Kevin Goldstein-Jackson

Experimente – spielend leicht

*88 Versuche
mit alltäglichen Dingen*

Herder Freiburg · Basel · Wien

Die englische Originalausgabe erschien unter dem Titel
Experiments with Everyday Objects
bei Souvenir Press Ltd, London, 1976
Copyright © 1976 by Kevin Goldstein-Jackson

Deutsch von Rolf Sauermost

Illustrationen von Jonathan Harvey
Einband von Walter Grieder

2. Auflage

Alle Rechte vorbehalten – Printed in Germany
Für die deutsche Ausgabe:
© Verlag Herder Freiburg im Breisgau 1978
Herstellung: Freiburger Graphische Betriebe 1980
ISBN 3-451-18140-1

Inhalt

Vorwort	11
Die Apfelschaukel	12
Die bleiche Rose	14
Die Kartoffelschleuder	16
Der Weinglas-Versuch	18
Der Zeichentrick	20
Der Cellophan-Fisch	22
Das wachsende Wasser	24
Aus geraden Linien werden Kurven	26
Die starken Gummisauger	28
Der Puls-Versuch	30
Die zusammengepreßten Gläser	32
Die balancierende Kartoffel	34
Die perfekten Flüssigkeitskreise	36
Das zerbrochene Lineal	38
Der Unterwasser-Luft-Versuch	40
Die tanzende Münze	42
Die schwebende Karte	44
Die Kugel-Sortieranlage	46
Die standsichere Streichholzschachtel	48
Die hydraulische Presse	50
Die eigenwillige Spielkarte	52
Der Salz-Pfeffer-Versuch	54
Das schwebende Ei	56
Das selbstgemachte Wasserzeichen	58
Die stabilen Seifenblasen	60
Der Wärmeausdehnungs-Versuch	62

Das Gewicht im Wasserglas	64
Der Springbrunnen in der Flasche	66
Zauberei mit einer Rose	68
Das Ei in der Flasche	70
Das kräftige Salz	72
Die Flaschenrakete	74
Das Faden-Experiment	76
Der Mittelpunkt von Afrika	78
Die tauchende Flasche	80
Die Spektralfarben	82
Die Erdkrümmung	84
Zwei „feindliche" Ballons	86
Der schwebende Reiskrug	88
Der Trichter-Versuch	90
Der hydrostatische Druck	92
Das Papiermesser	94
Das bewegte Streichholz	96
Das Unterwasserflugzeug	98
Die ausgeblasene Kerzenflamme	100
Die stabile Streichholzschachtel	102
Der Schallwellen-Versuch	104
Der Salzwasser-Süßwasser-Versuch	106
Ein Taschentuch als Wasserleitung	108
Die Wasserwippe	110
Die Gaswaage	112
Das unzerbrechliche Streichholz	114
Der Papierfächer	116

Die Blasen-Malerei	118
Der umgekehrte Pfeil	120
Die Kopiermischung	122
Wasser hilft tragen	124
Der Eiertest	126
Das Dampfboot	128
Eine Kerze als Wasserpumpe	130
Die Ballonwippe	132
Der entflammbare Kerzenrauch	134
Die schwebende Flasche	136
Das marmorierte Papier	138
Der Lautsprecher	140
Die balancierenden Magnete	142
Die hohle Kerze	144
Wie naß ist Wasser?	146
Der schwimmende Eiswürfel	148
Die stabile Eierschale	150
Der gebogene Wasserstrahl	152
Die abgeplattete Erde	154
Das Streichholzboot	156
Die wachslose Kerze	158
Gekocht oder roh?	160
Der Feuerlöscher	162
Der aufsteigende Apfel	164
Der Luftdruck-Versuch	166
Wo liegt der Kreismittelpunkt?	168
Der Unterwasser-Vulkan	170

Der störrische Luftballon	172
Die aufsteigende Murmel	174
Die unruhigen Mottenkugeln	176
Der fliehende Pfeffer	178
Die schlaffe Schnur	180
Das wasserdicht eingeschlossene Papier	182
Die Eier im Glas	184
Die wechselnden Farben	186

Vorwort

Für jeden der in diesem Buch beschriebenen Versuche werden nur alltägliche Dinge benötigt, und die meisten Werkzeuge und Materialien werden wir sicher irgendwo zu Hause finden.
Alle Versuche sind ungefährlich, vorausgesetzt natürlich, daß wir mit Dingen wie Streichhölzern und brennenden Kerzen vorsichtig umgehen.
Den meisten Experimenten liegt irgendein naturwissenschaftliches Gesetz zugrunde. Natürlich wollen wir aus diesen Versuchen nicht nur lernen. Sie sollen uns auch Spaß machen und zu weiterem Basteln und Experimentieren anregen.
Alle Versuche sind vielmals getestet worden, so daß eigentlich jeder Versuch gelingen sollte, wenn die Versuchsanleitung genau beachtet wird und die Versuche – wenn nötig – mehrfach wiederholt werden.

Und nun: Viel Freude beim Experimentieren!

Die Apfelschaukel

Wir hängen zwei Äpfel in geringem Abstand voneinander an zwei Bindfäden auf, wie es das Bild zeigt. Wenn wir nun kräftig zwischen die beiden Äpfel hindurchpusten, bewegen sie sich aufeinander zu und stoßen dann gegeneinander. Warum?
Wir sind überall auf der Erde von Luft umgeben. Die Luft hat ein Gewicht und drückt daher gegen alle Gegenstände (siehe den Versuch Seite 166). Wenn wir nun zwischen den beiden Äpfeln hindurchblasen, drücken wir mit unserer Puste Luft zwischen den Äpfeln weg, so daß dort der Luftdruck etwas kleiner wird. An den anderen Stellen wirkt auf die Äpfel daher ein größerer Luftdruck als zwischen ihnen. Dieser drückt sie daher aufeinander zu – und die Äpfel stoßen gegeneinander, wenn wir kräftig genug gepustet haben.

Zwei Äpfel stoßen gegeneinander, ohne daß wir sie berühren

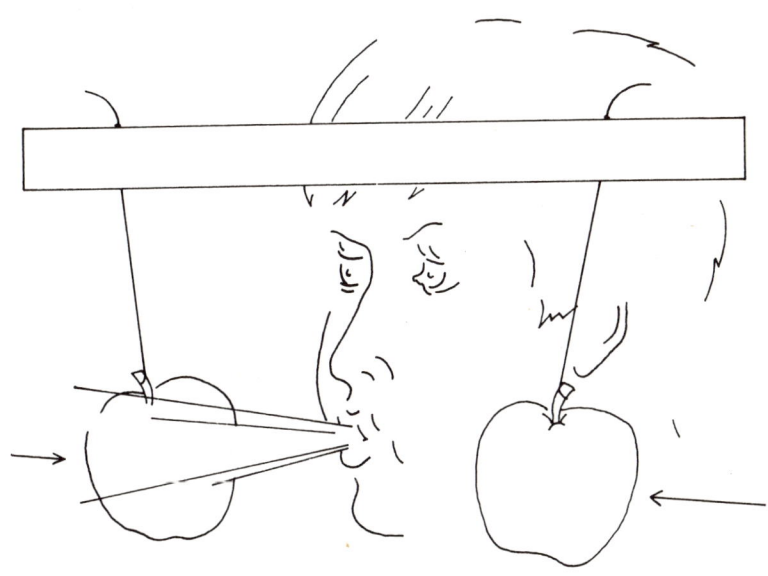

Wir brauchen:
Zwei Äpfel
Zwei Bindfäden
Einen Gegenstand,
   an dem wir die Äpfel
   aufhängen können

Die bleiche Rose

Wir geben etwas Schwefel – etwa einen Teelöffel voll – in eine Suppenkelle mit einem möglichst langen Stiel. Dann befestigen wir eine rote Rose an einem Bindfaden. Wir zünden den Schwefel an und hängen die Suppenkelle in ein Glasgefäß. Die Rose lassen wir an dem Bindfaden ebenfalls in das Gefäß hinab, wie es das Bild zeigt, und verschließen es mit einem Deckel, damit keine Schwefeldämpfe aus dem Gefäß entweichen können.
Wir bemerken bald, daß die rote Farbe der Rose immer stärker verblaßt, bis die Rose sich nach einigen Minuten in eine weiße Rose verwandelt hat. Warum?
Wenn Schwefel verbrennt, entsteht das Gas Schwefeldioxid. Dieses hat eine bleichende Wirkung und beseitigt dadurch die Farbe der Rose.

Wichtig: Brennender Schwefel verbreitet einen entsetzlichen Gestank, so daß wir diesen Versuch unseren Eltern zuliebe besser im Freien durchführen.

Wir verwandeln eine rote Rose in eine weiße

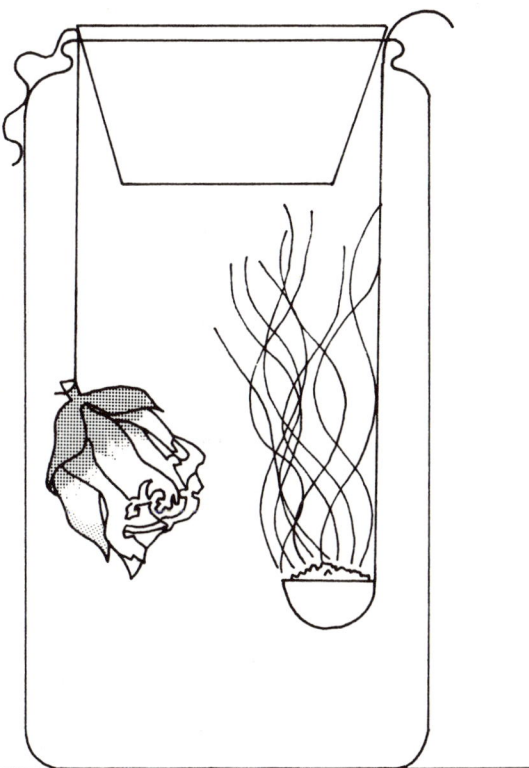

Wir brauchen:
Suppenkelle mit langem Stiel
Teelöffel
Rote Rose
Streichhölzer
Glasgefäß mit Deckel
Bindfaden
Schwefel

Die Kartoffelschleuder

Wir schlagen drei Nägel so in ein kleines Holzbrett, daß sie die Ecken eines langen spitzen Dreiecks oder eines „Y" bilden. Um die beiden vorderen Nägel legen wir ein Gummiband, ziehen es dann in Richtung zum dritten Nagel, so daß es gespannt ist, und befestigen das gespannte Gummiband mit einem kurzen Bindfaden an diesem Nagel.
Dieses „Schleuderbrett" legen wir auf zwei Garnrollen, wie es das Bild zeigt. Vor das gespannte Gummiband legen wir eine kleine Kartoffel. Wird der Bindfaden, der das gespannte Gummiband hält, nun mit einem Streichholz durchgebrannt, geht unsere Schleuder los: Die Kartoffel wird von dem zurückschnellenden Gummiband weggeschleudert, aber auch das „Schleuderbrett" bewegt sich, doch genau in der anderen Richtung, wie es das zweite Bild zeigt.
Diese Rückstoßwirkung gibt es auch beim Gewehr: Die Kugel wird durch den Gewehrlauf nach vorn geschossen, und der Gewehrkolben wird gleichzeitig mit einem Schlag nach hinten gegen die Schulter gestoßen – was ganz schön weh tun kann, wenn man das Gewehr beim Schießen nicht fest genug gegen die Schulter gedrückt hat.

Wir brauchen:	Gummiband	Drei Nägel	Zwei Garnrollen
	Bindfaden	Hammer	Streichhölzer
	Kleine Kartoffel	Kleines Holzbrett	

Wir zeigen die Wirkung des Rückstoßes

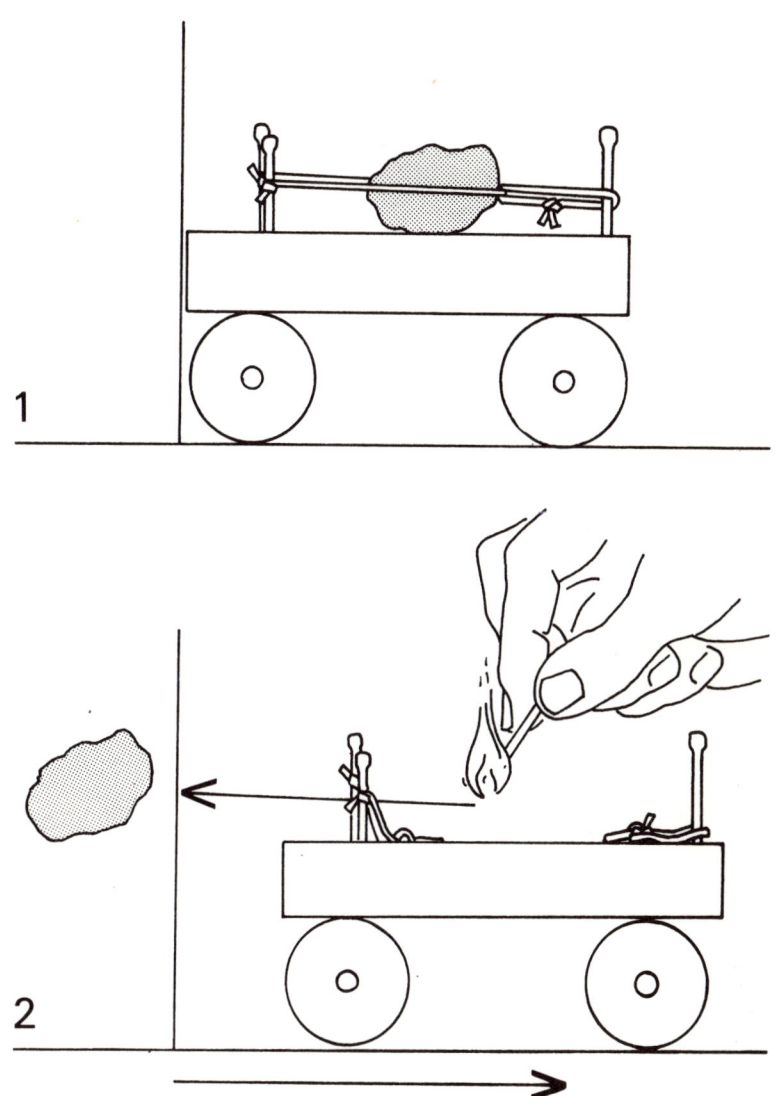

Der Weinglas-Versuch

Wir tauchen zwei gleichgeformte Weingläser so in ein Wasserbecken, daß sie bis zum Rand voll Wasser sind, also beim Schwenken unter Wasser keine Luftblasen mehr aufsteigen. Dann stülpen wir die beiden Gläser unter Wasser mit beiden Rändern genau aufeinander, ziehen sie in dieser Stellung und *randvoll* mit Wasser vorsichtig aus dem Becken und stellen sie so auf einen Tisch, wie es das Bild zeigt.

Es ist jetzt möglich, die beiden Gläser ein klein wenig gegeneinander zu bewegen und eine kleine Münze durch den winzigen Spalt in das untere Glas schlüpfen zu lassen, ohne daß ein Tropfen Wasser ausläuft.

Dieses „Wunder" wird durch die Oberflächenspannung des Wassers bewirkt, die das Wasser in den beiden Gläsern zusammenhält. Die Oberflächenspannung hat zur Folge, daß die Wasseroberfläche wie von einer dünnen Haut überzogen ist. Jeder, der schon einmal bei einem mißglückten Kopfsprung ins Wasser einen „Bauchplatscher" gemacht hat, hat diese Wasserhaut unangenehm zu spüren bekommen.

Wir brauchen:
Zwei gleichgeformte Weingläser
Wasserbecken
Kleine Münze
Tisch

Wir demonstrieren die Oberflächenspannung von Wasser

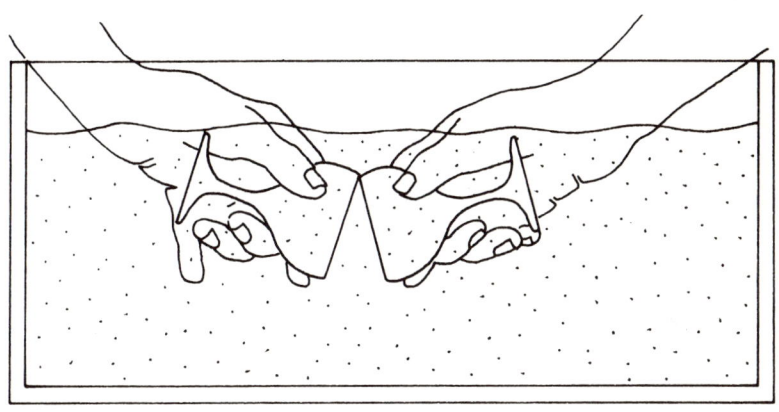

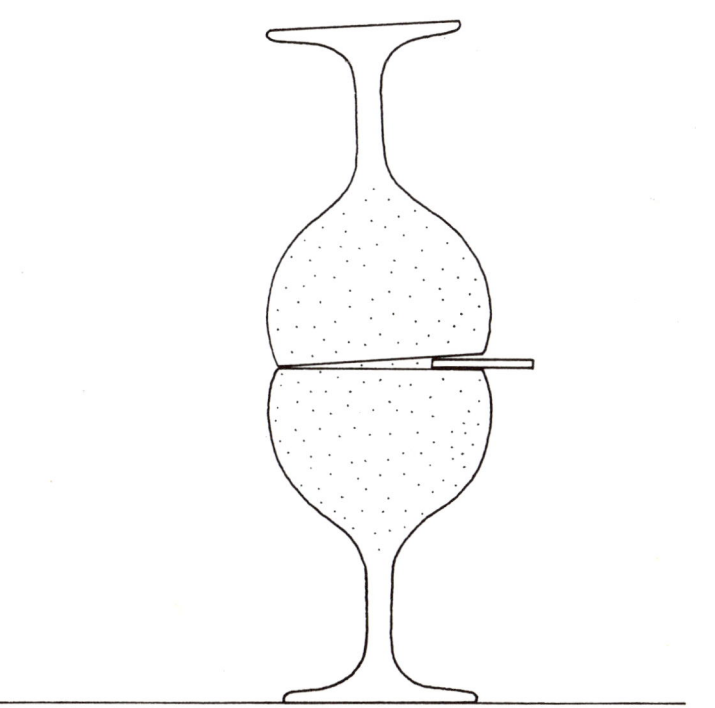

Der Zeichentrick

Eine Ellipse hat eine gleichmäßige ovale Form. Wie aber können wir ein solches Oval zeichnen? Einen Kreis können wir leicht mit einem Zirkel erhalten. Mit welchem Handwerkszeug aber läßt sich eine Ellipse zeichnen? Wir drücken zwei Reißnägel (Reißzwecken) an zwei Punkten (A und B) in ein Blatt Papier, wie es das Bild zeigt. Wo die beiden Einstichpunkte auf dem Papier liegen, ist gleichgültig. Je näher sie beieinander liegen, um so kleiner wird unsere Ellipse.
Wir nehmen nun einen kräftigen Bindfaden, der etwa dreimal so lang ist wie der Abstand zwischen den beiden Reißnägeln. Den Faden verknoten wir an den Enden und legen die Schlaufe um die Reißnägel. Mit einem Bleistift drücken wir so gegen die Fadenschlaufe, daß diese straff gespannt wird und dabei die Form eines Dreiecks zeigt.
Wenn wir nun den Bleistift so um die beiden Reißnägel führen, daß die Schlaufe immer straff gespannt bleibt, entsteht vor unseren Augen eine perfekte Ellipse. Rücken wir die Reißnägel näher aneinander, benutzen aber denselben Faden, so erhalten wir eine dickbauchigere Ellipse.
Die beiden Reißnägel bezeichnen die „Brennpunkte" der Ellipse.

Wir zeichnen eine perfekte Ellipse

Wir brauchen:
Zwei Reißnägel
Großes Blatt Papier
Schere
Starken Bindfaden
Bleistift

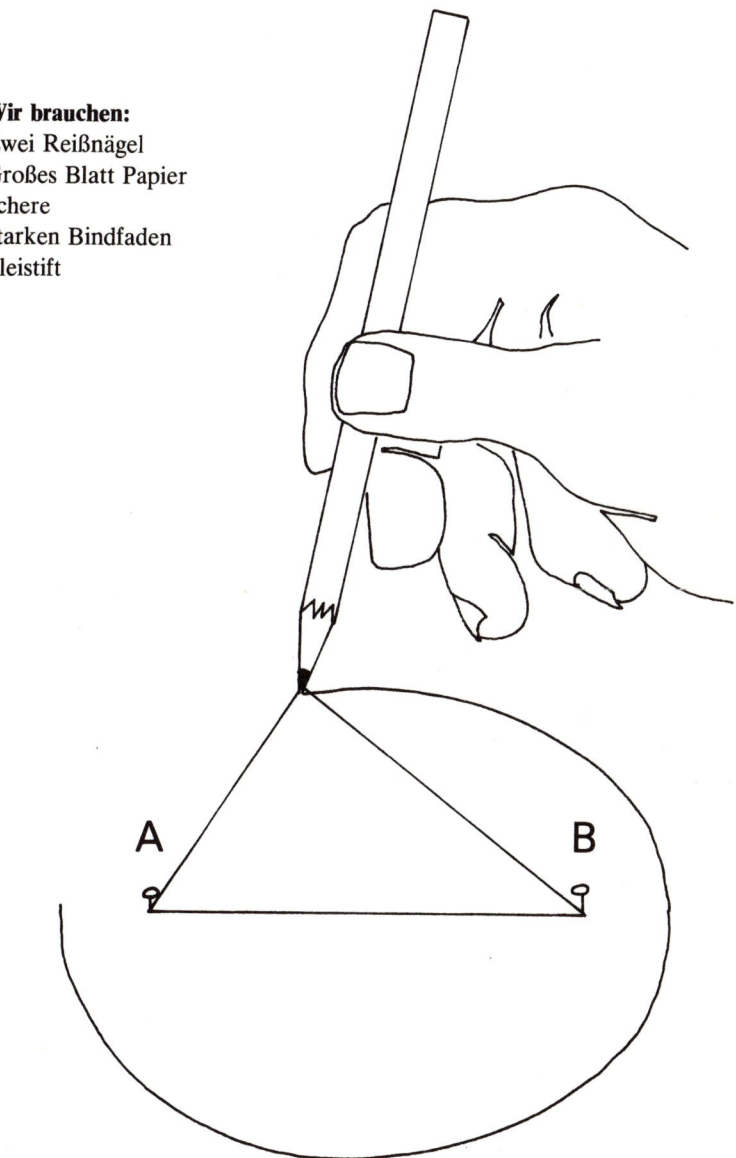

Der Cellophan-Fisch

Aus einer dünnen Cellophanfolie schneiden wir einen etwa 2 cm × 5 cm großen Fisch aus. Es ist wichtig, echtes Cellophan (z. B. die durchsichtige Hülle einer Zigarettenschachtel) und keine Plastikfolie zu nehmen, weil die meisten Plastikfolien feuchtigkeitsabweisend sind. Hingegen kann Cellophan, das aus der Cellulose von Pflanzenfasern gewonnen wird, etwas Feuchtigkeit aufnehmen.

Wenn wir den Cellophan-Fisch nun auf unsere Handfläche legen, reagiert er auf die Feuchtigkeitsausdünstung (Schweiß) der Hand. Berührt der Fisch die Handfläche zuerst mit seinem Schwanz, so quillt dieser ein wenig auf und biegt sich, weil die Feuchtigkeit zwischen die feinen Fasern des Cellophanpapiers dringt.

Wir brauchen:
Cellophanpapier
Schere

Wir machen einen Fisch, der die Feuchtigkeit anzeigt

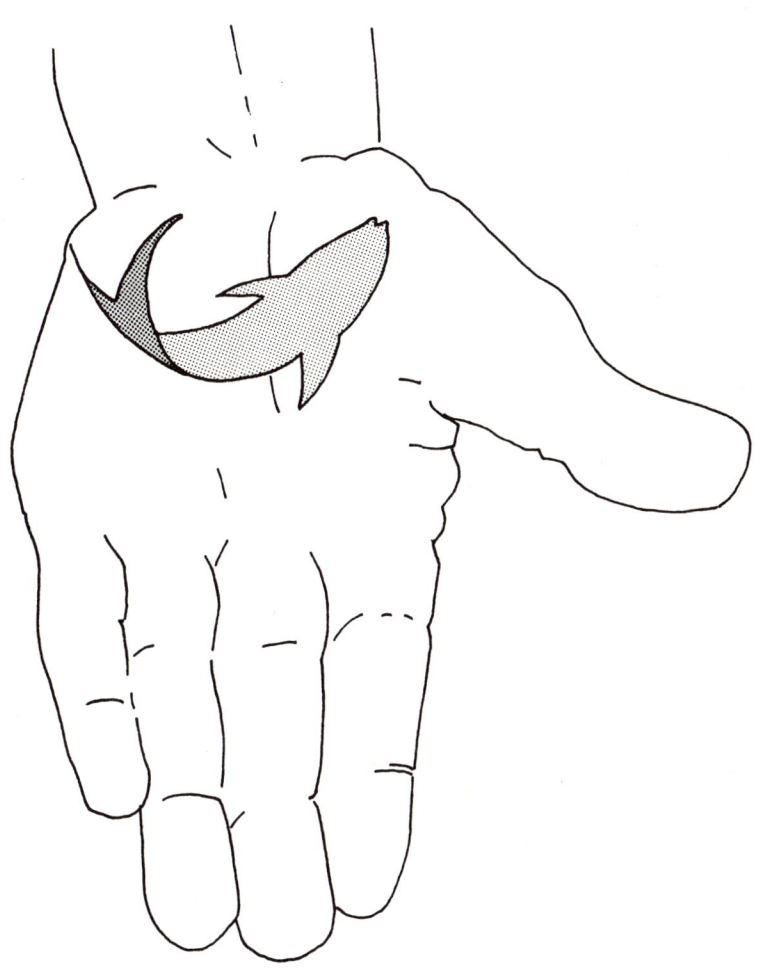

Das wachsende Wasser

Eine Glasflasche mit engem Hals füllen wir bis ganz zum Rand voll mit Wasser und stellen sie dann offen in eine Tiefkühltruhe oder in das Gefrierfach des Eisschranks. Wenn wir die Flasche nach einigen Stunden aus dem Tiefkühlfach nehmen, stellen wir nicht nur fest, daß das Wasser in der Flasche zu Eis geworden ist. Zu unserer Überraschung ragt außerdem oben aus der Flasche ein „Eiskorken" heraus, wie es das Bild zeigt.
Des Rätsels Lösung: Beim Gefrieren dehnt sich Wasser aus. Es vergrößert sein Volumen um etwa ein Elftel.

Wir brauchen:
Glasflasche mit engem Hals
Wasser
Tiefkühltruhe oder
    Gefrierfach des Eisschranks

Wir stellen einen Eiskorken her

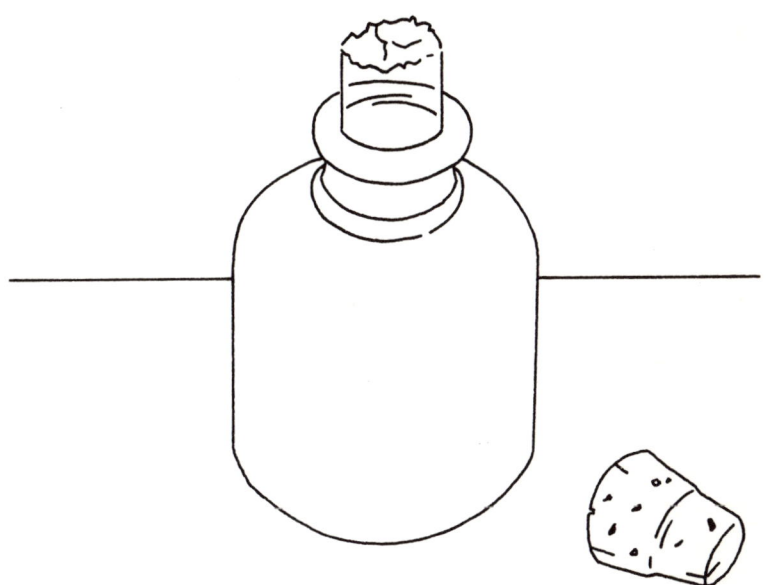

Aus geraden Linien werden Kurven

Wir zeichnen auf ein Blatt Papier ein großes gleichseitiges Dreieck und bringen auf zwei gegenüberliegenden Seiten des Dreiecks in jeweils gleichen Abständen von etwa 1/2 cm Markierungspunkte an, wie es das Bild 1 zeigt. Nun verbinden wir die unterste Markierung der rechten Dreieckseite mit der obersten Markierung der linken Seite durch eine gerade Linie. Eine weitere Gerade ziehen wir durch den zweituntersten Punkt der rechten und den zweitobersten Punkt der linken Dreieckseite usw., wie im Bild 2 dargestellt ist. Dasselbe wiederholen wir dann für die linke Seite des Dreiecks, deren unterster Markierungspunkt mit dem obersten der rechten Seite geradlinig verbunden wird, wie es das Bild 3 zeigt. Zu unserer Verwunderung ist in dem Dreieck eine symmetrische Kurve entstanden, obwohl wir doch nur gerade Linien gezogen haben. Wie kommt das?
Die Kurve entsteht durch die Punkte, in denen sich die Geraden im Dreieck schneiden. Wir haben zwar nur gerade Linien gezogen, aber all diese Linien kreuzen sich an bestimmten Punkten, und diese Schnittpunkte ergeben zusammen eine Kurvenform.

Wir zeichnen mit geraden Linien Kurven

Wir brauchen:
Bleistift
Lineal

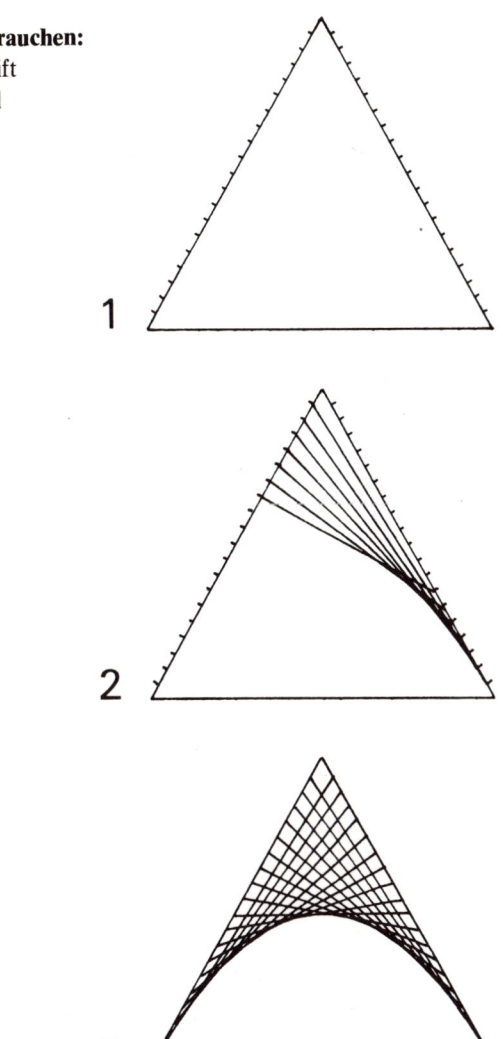

Die starken Gummisauger

Wir besorgen uns zwei Abflußreiniger („Pumpfix"), setzen die beiden Gummisaugbecher genau aufeinander und pressen sie so kräftig wie möglich gegeneinander. Wenn wir nun jemanden bitten, uns beim Auseinanderziehen der beiden Saugbecher behilflich zu sein, werden wir feststellen, daß dies gar nicht so einfach ist und wir uns schon mächtig anstrengen müssen. Durch welche Kraft werden die beiden Gummisaugbecher zusammengehalten?

Beim Zusammendrücken der beiden Gummisauger haben wir die meiste Luft aus ihnen herausgepreßt. Dadurch wirkt auf die Saugbecher von außen ein größerer Luftdruck als von innen. Die Becher werden also von dem etwas größeren äußeren Luftdruck zusammengepreßt.

Wir sind überall auf der Erde von Luft umgeben. Stellen wir uns eine Luftsäule von 1 cm² Grundfläche und etwa 1000 km Höhe vor (so hoch ungefähr reicht die Erdatmosphäre), so wiegt diese Luftsäule etwa 1 Kilogramm. Dieser Luftdruck wirkt aber nicht nur nach unten, sondern nach allen Seiten gleich stark.

Beim Zusammenpressen der beiden Sauger haben wir den größten Teil der Luft zwischen ihnen herausgedrückt, so daß außen und innen ein verschiedener Luftdruck herrscht: Der Luftdruck ist nicht mehr ausgeglichen. Die beiden Abflußreiniger lassen sich nur dann leicht auseinanderziehen, wenn sich zwischen ihnen genug Luft befindet.

Wir demonstrieren mit zwei Abflußreinigern den Luftdruck

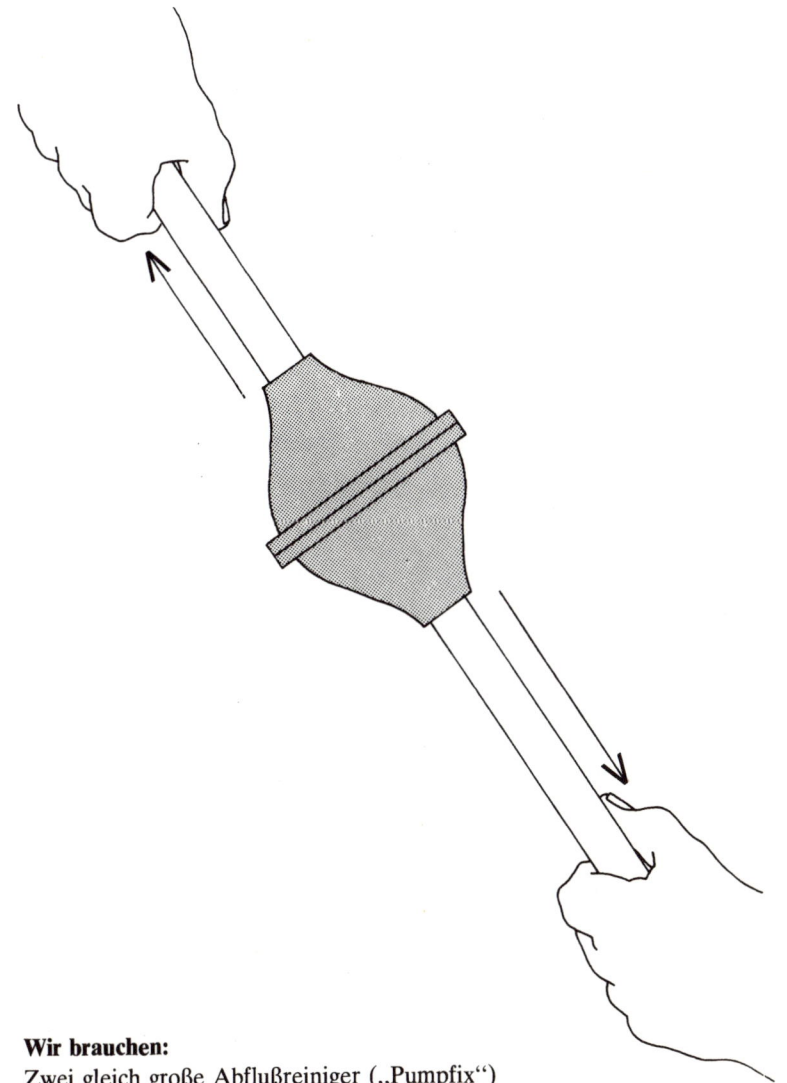

Wir brauchen:
Zwei gleich große Abflußreiniger („Pumpfix")

Der Puls-Versuch

Wir spießen ein Streichholz mit einem Ende auf eine Reißzwecke. Dann legen wir einen Arm flach mit der Innenfläche nach oben auf einen Tisch und legen die Reißzwecke mit dem aufgespießten Streichholz behutsam auf eine bestimmte Stelle des Handgelenks, wie es im Bild dargestellt ist. Wenn wir den Arm ganz ruhig halten, bemerken wir, daß der Streichholzkopf sich im Takt mit unserem Pulsschlag leicht hin und her bewegt.
Sonst kann man den Pulsschlag nur an der Schlagader sehen oder mit dem Finger ertasten. Hier kann man nun einmal die gleichmäßige Bewegung mit den Augen verfolgen.

Wir brauchen:
Streichholz
Reißzwecke

Ein Streichholz zeigt unseren Pulsschlag an

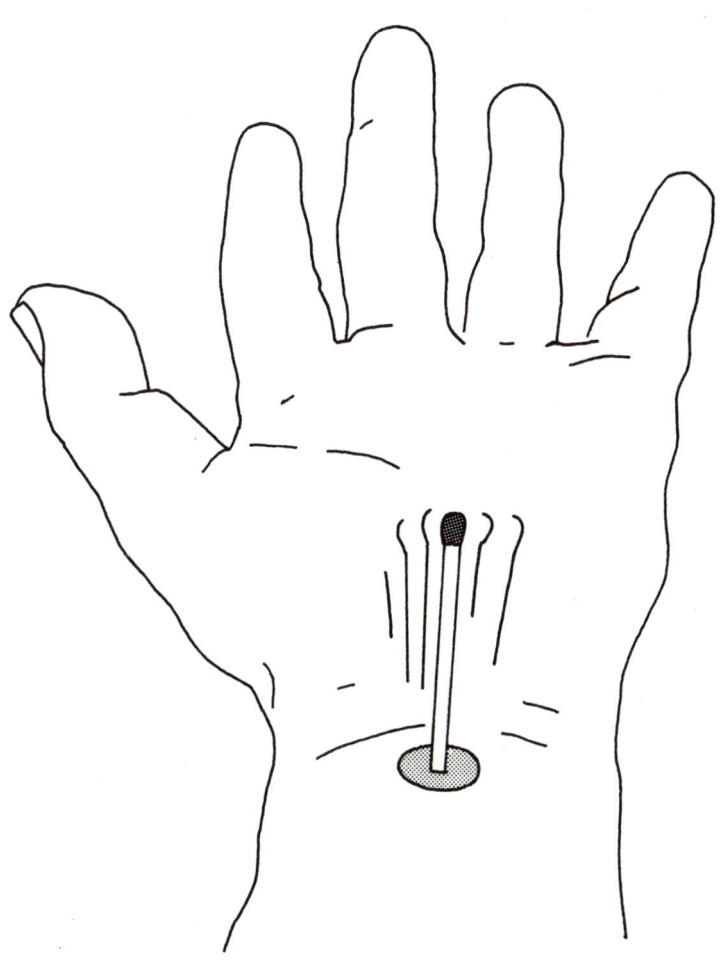

Die zusammengepreßten Gläser

Wir stellen einen Kerzenstummel auf den Boden eines Glases und besprengen ein Blatt Löschpapier mit Wasser, bis es ganz feucht ist.
Nach dem Anzünden des Kerzenstummels legen wir blitzschnell das nasse Löschpapier über den Glasrand und stülpen ein anderes, gleich großes Glas genau über das vom Löschblatt bedeckte Glas, wie es das obere Bild zeigt. Nach kurzer Zeit erlischt die Kerzenflamme. Wenn wir das obere Glas nun vorsichtig anheben, bemerken wir, daß das untere Glas der Bewegung folgt: Beide Gläser scheinen aneinander zu kleben. Wie kommt das?
Jedes Feuer, also auch eine Kerzenflamme, verbraucht in der Luft vorhandenen Sauerstoff. Durch die Kerzenflamme wurde der Sauerstoffvorrat in den beiden Gläsern schnell aufgezehrt – auch im oberen Glas, weil die Luft von dort zwischen den Fasern des feuchten Löschpapiers hindurch in das untere Glas gelangen konnte. Die Flamme erlosch, als der letzte Rest an Sauerstoff in den Gläsern aufgebraucht war. In diesem Moment herrschte dort auch ein niedrigerer Luftdruck, und der größere äußere Luftdruck preßte daher die beiden Gläser zusammen.

Wir brauchen: Zwei gleich große Gläser
Ein Blatt Löschpapier
Wasser
Kerzenstummel
Streichhölzer

Wir heben ein Glas mit Hilfe des Luftdrucks hoch

Die balancierende Kartoffel

Wir stellen ein Glas auf einen Tisch. In eine kleine rohe Kartoffel stecken wir von beiden Seiten je eine Gabel in der Weise, daß die beiden Gabeln auf jeder Seite der Kartoffel unter möglichst gleichen Winkeln aus der Kartoffel herausragen, wie es das Bild zeigt.
Die von den beiden Gabeln aufgespießte Kartoffel legen wir nun mit viel Fingerspitzengefühl auf den Rand des Glases und bewegen die Gabeln – wenn notwendig – ein wenig in der einen oder anderen Richtung, bis sie mit der Kartoffel auf dem Glasrand balancieren.
Die Kartoffel allein könnten wir nicht auf dem Glasrand balancieren. Die beiden Gabeln aber wirken für die Kartoffel als Gegengewichte, und wenn wir es geschickt genug anstellen, können wir die Kartoffel mit den Gabeln ausbalancieren. Ähnlich machen es ja die Hochseilartisten im Zirkus, wenn sie sich mit der langen Balancierstange auf dem Seil im Gleichgewicht halten.

Wir brauchen:
Glas
Kleine rohe Kartoffel
Zwei gleich große Gabeln

Wir lassen eine Kartoffel auf dem Rand eines Glases balancieren

Die perfekten Flüssigkeitskreise

In eine flache Schale oder eine Untertasse geben wir ein wenig Wasser. Dann schütten wir vorsichtig und langsam etwas Speiseöl auf die Wasseroberfläche, bis diese mit einer hauchdünnen Ölschicht bedeckt ist.
Lassen wir nun einige Tropfen Tinte auf die ölbedeckte Oberfläche fallen, so bemerken wir, daß sich die Tropfen sofort zu perfekten Kreisen formen. Ursache dafür sind die Moleküle (kleinste Teilchen) im Öl, welche die Tintenmoleküle zwingen, sich auf kleinster Fläche zusammenzudrängen – und eine solche Fläche ist der Kreis.

Wir brauchen:
Flache Schale oder Untertasse
Tinte
Füllfederhalter oder Pipette und Tintenfaß

Wir stellen ohne Zirkel
Tintenkreise her

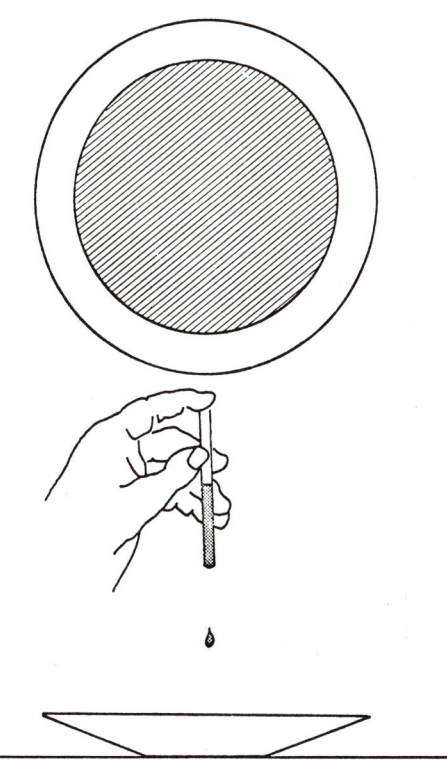

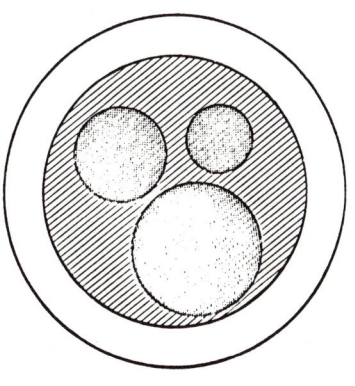

Das zerbrochene Lineal

Ein ausgedientes langes, möglichst dünnes Holzlineal legen wir so auf einen Tisch, daß es etwa 8–10 cm über die Tischkante hinausragt. Den auf dem Tisch liegenden Teil des Lineals bedecken wir mit einigen Lagen Zeitungspapier. Dann schlagen wir blitzschnell und kräftig mit der Unterkante der zur Faust geballten Hand auf das über die Tischkante hinausragende Ende des Lineals, wie es das Bild zeigt. Das Lineal und die Zeitungen werden durch unseren Schlag nun nicht vom Tisch gewirbelt – wie man zunächst vermuten könnte –, sondern das Lineal zerbricht in zwei Stücke.

Des Rätsels Lösung: Das auf den Zeitungen lastende Gewicht der Luft, der Luftdruck, ist so groß, daß es die Zeitungen und das darunterliegende Lineal für den Bruchteil einer Sekunde, in dem wir unseren Schlag ausführen, niedergedrückt hält: das Lineal zerbricht. Der Versuch gelingt aber nur, wenn wir den Schlag nach Art eines Karatekämpfers so blitzschnell ausführen, daß der Luft über dem Zeitungsstapel nicht genügend Zeit bleibt, auf die Bewegung zu reagieren und auszuweichen.

Wir brauchen:
Altes dünnes Holzlineal
Zeitungen
Tisch

Ein zerbrochenes Lineal zeigt uns, daß die Luft ein Gewicht hat

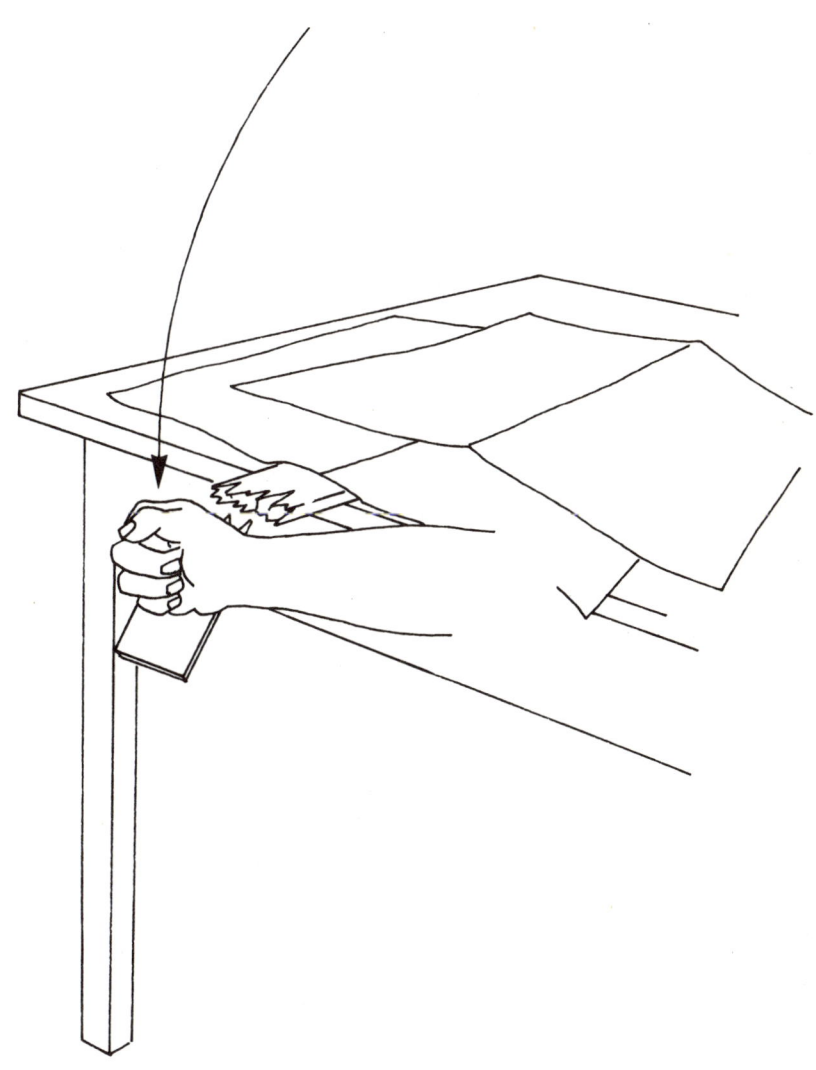

Der Unterwasser-Luft-Versuch

Wir füllen ein gewöhnliches Glas mit Wasser (a) und halten es dann mit der einen Hand in einen durchsichtigen, gefüllten Wasserbehälter, wie es das Bild 1 zeigt. Mit der anderen Hand tauchen wir ein zweites, diesmal aber leeres Glas b mit der Öffnung nach unten ebenfalls unter Wasser, so daß dessen Öffnung nahe und etwas unterhalb der des Glases a liegt. Wenn wir das Glas b nun ein wenig kippen, entweichen Luftblasen aus dessen schräggehaltener Öffnung und steigen in das Glas a auf, wobei sie das Wasser aus diesem herausdrücken. Nach kurzer Zeit befindet sich die gesamte Luft aus dem Glas b im Glas a, und das nun luftleere Glas b ist voll Wasser. Wodurch wird dieses Umfüllen von Luft unter Wasser möglich?

Aus dem zuerst mit Luft gefüllten und mit der Öffnung senkrecht nach unten gehaltenen Glas b konnte keine Luft entweichen, da sie durch den Glasboden und den Wasserdruck hermetisch eingesperrt war. Nach dem Kippen des Glases b aber konnte der Wasserdruck die Luft herauspressen. Die nun zur Wasseroberfläche aufstrebenden Luftblasen (Luft ist viel leichter als Wasser) wurden vom Glas a eingefangen. Die sich im Glas a sammelnde Luft preßte durch den Luftdruck das Wasser nach unten aus dem Glas heraus.

Wir schütten unter Wasser Luft von einem Glas in ein anderes

Wir brauchen:
Zwei gleich
 große Gläser
Wasserbehälter
 (durchsichtig)

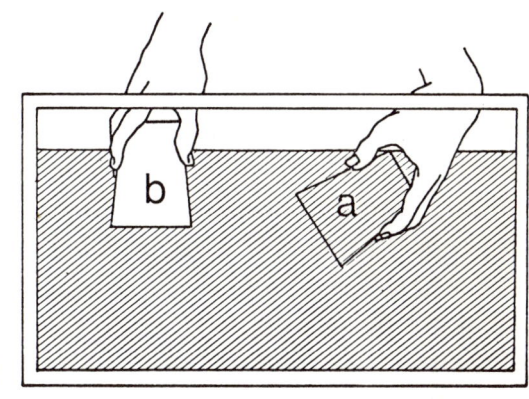

1

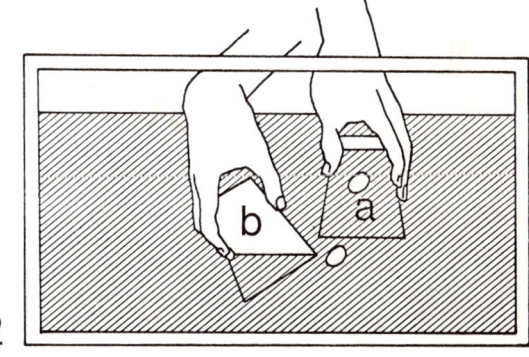

2

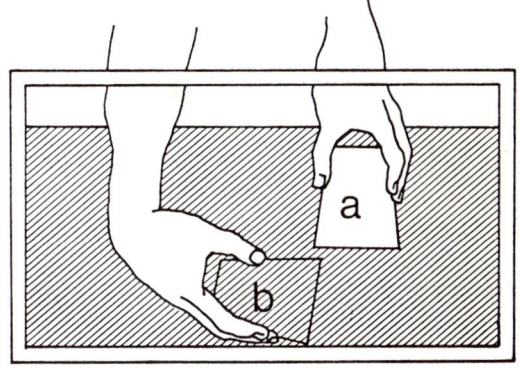

3

Die tanzende Münze

Wir befeuchten den Rand der Öffnung einer leeren, an einem kühlen Ort aufbewahrten Limonadenflasche mit kaltem Wasser. Die Flaschenöffnung bedecken wir mit einer ebenfalls angefeuchteten Münze. Wenn wir nun mit unseren Händen den Flaschenbauch umschließen und dabei mit ihnen eine möglichst große Fläche bedecken, werden wir eine interessante Beobachtung machen: Nach etwa einer halben Minute bewegt sich die Münze ein wenig auf und nieder. Selbst wenn wir dann unsere Hände vom Bauch der Flasche wegnehmen, hält das Wackeln der Münze noch für kurze Zeit an.

Hier ist kein Zauberer am Werk. Die Münze wird vielmehr durch die in der Flasche eingeschlossene Luft bewegt, die – anfangs kühl – durch unsere über den Flaschenbauch gelegten Hände erwärmt wird. Erwärmte Luft aber dehnt sich aus, so daß ein kleiner Teil von ihr zwischen Münze und Flaschenöffnung entweicht, wobei die Münze mehrmals kurzzeitig hochgedrückt wird.

Wir brauchen:
Leere kühle Limonadenflasche
Münze
Wasser

Wir bewegen eine Münze, ohne sie zu berühren

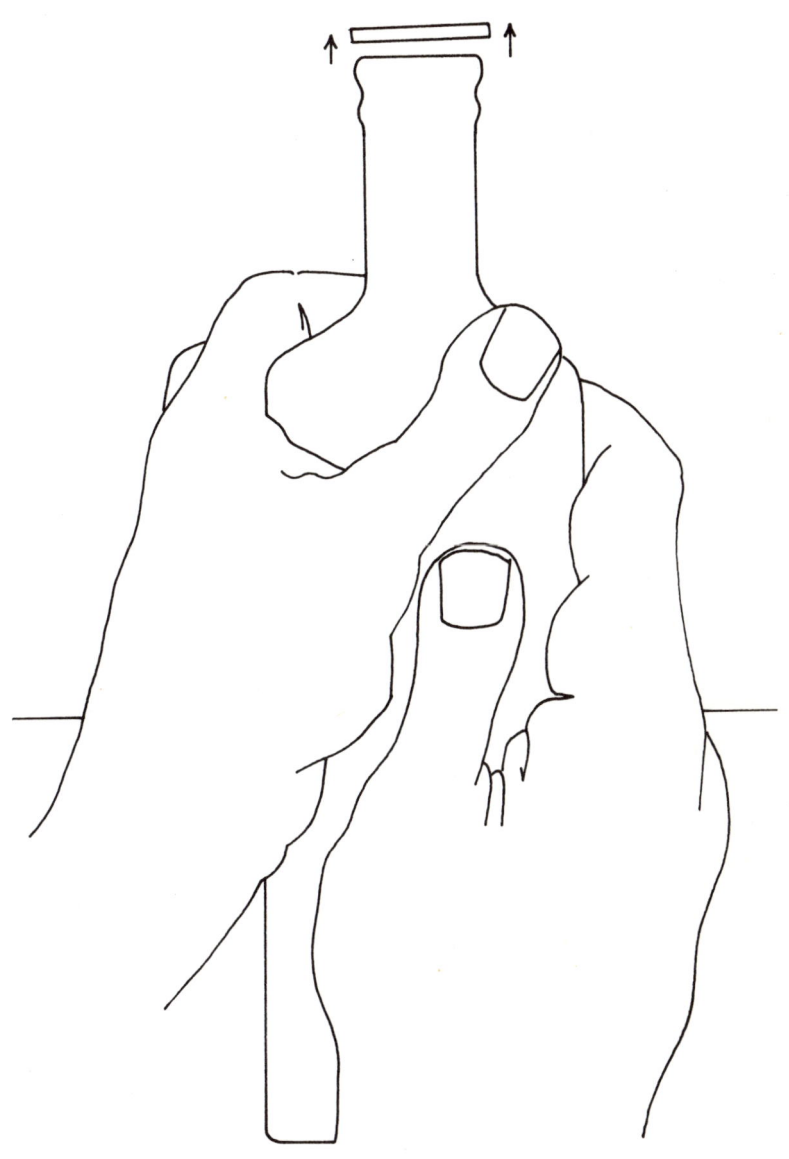

Die schwebende Karte

Durch den Mittelpunkt einer etwa 5 Quadratzentimeter großen, leichten Karte stecken wir zur Hälfte eine Stecknadel. Dann halten wir die Karte waagerecht so unter eine Garnrolle, daß die Stecknadel in das Loch der Garnrolle hineinragt. Die Nadel sollte sich frei im Loch bewegen können, also nicht an der Innenwand der Rolle anstoßen. Die Garnrolle dient dazu, die Karte in einer bestimmten Lage zu stabilisieren und zu verhindern, daß diese sich zu weit seitlich verschiebt.
Wenn wir nun kräftig und gleichmäßig durch das Loch der Garnrolle pusten, wie es das Bild zeigt, gelingt es uns, die (jetzt losgelassene) Karte allein durch unser Blasen in der Schwebe zu halten.
Die Karte fällt nicht herunter, solange wir einen gleichmäßigen, starken Luftstrom durch die Röhre der Garnrolle blasen. Die Erklärung hierfür liegt darin, daß Gegenstände in einen schnell bewegten Luftstrom hineingedrückt werden, weil der (statische) Luftdruck in schnell strömender Luft geringer ist als in der Umgebung. Die Karte wird also durch den Luftdruck der Umgebung in den Luftstrom hineingedrückt, der aus dem Loch der Garnrolle herauskommt. Diese Eigenschaft strömender Luft wird z. B. auch beim Flugzeug ausgenutzt und ermöglicht überhaupt erst, daß Gegenstände, die schwerer als Luft sind, fliegen können.

Wir halten durch Anblasen eine Karte in der Schwebe

Wir brauchen:
Stecknadel
Etwa 5 Quadratzentimeter große, leichte Karte
Garnrolle

Die Kugel-Sortieranlage

Aus Holzbrettchen oder Schuhkarton basteln wir einen Kasten mit mehreren Fächern und einer schrägen Rollfläche, wie es das Bild zeigt. Die Fächer sollten alle genau gleiche Größe haben. Die Rollfläche belegen wir mit einem sehr rauhen Stoff, z. B. mit einem Stück Stoff von einem alten Handtuch. Durch eine schräg abwärts gehaltene Röhre lassen wir nun verschiedene, möglichst gleich große Kugeln aus unterschiedlichem Material in einer bestimmten Richtung auf die schräge Rollfläche fallen, wie es das Bild zeigt. Wenn die Kugeln die Öffnung der Röhre verlassen, haben sie alle gleiche Geschwindigkeit. Nach dem Auftreffen auf den „Abhang" werden sie durch dessen rauhe Oberfläche abgebremst. Dabei kommen aber die schwereren Kugeln weiter als die leichteren, bevor sie in die Fächer rollen. Die schwereren Kugeln haben nämlich eine größere „Trägheit", einen größeren „Impuls", als die leichteren Kugeln und werden daher beim Rollen über die rauhe Oberfläche nicht so stark abgebremst wie die leichten Kugeln. Sie plumpsen daher auch in Fächer, die weiter von der Öffnung der Röhre entfernt sind als die leichten.

Wir sortieren schwere und leichte Kugeln, ohne sie zu wiegen

Wir brauchen:
Kasten aus Holz oder Schuhkarton
Holz- oder Papp-Plättchen
Klebstoff
Handtuchstoff
Weite Röhre
Schwere und leichte Kugeln
   von gleicher Größe

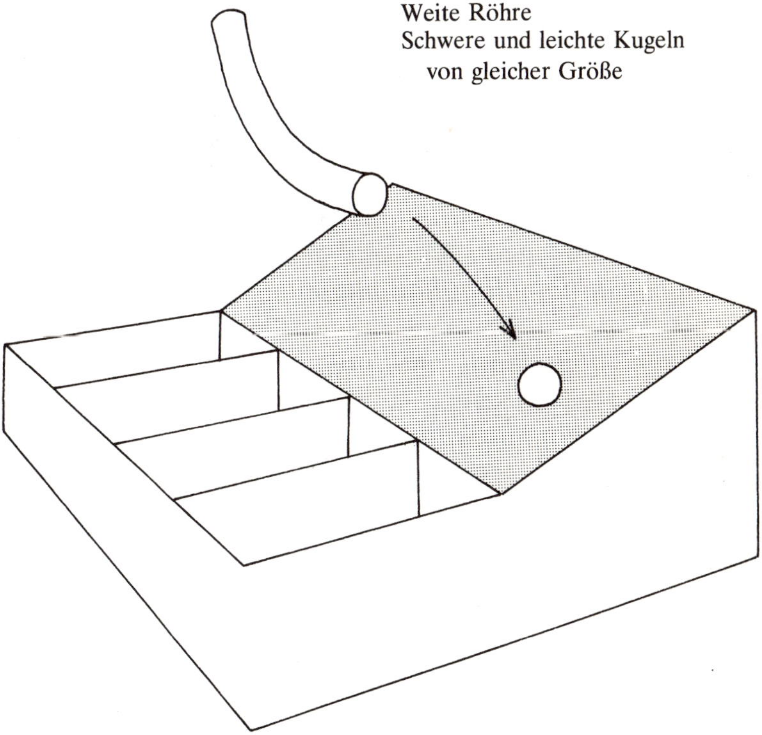

Die standsichere Streichholzschachtel

Wir lassen eine nicht ganz gefüllte Streichholzschachtel – mit einem Ende nach unten gerichtet – aus etwa 40 cm Höhe auf einen Tisch fallen. Wird sie beim Auftreffen umfallen? Sie wird meist aufrecht stehenbleiben, wenn wir folgenden Trick anwenden: Wir ziehen das mit Streichhölzern gefüllte Schubfach, wie es das Bild zeigt, etwas mehr als zur Hälfte aus der Hülse heraus, bevor wir die Schachtel fallen lassen. Dabei müssen wir aber darauf achten, daß sich das Schubfach in der Hülse sehr leicht bewegen läßt und nicht klemmt.

Wenn die halb geöffnete Streichholzschachtel auf der Tischoberfläche aufprallt, schließt sie sich durch den abrupten Aufprallstoß blitzschnell. Der „Impuls" dieser ruckartigen Bewegung verhindert nun, daß die Schachtel beim Auftreffen umfällt. Außerdem wird die Schachtel beim Aufprall nicht so stark belastet, als wenn sie vorher geschlossen gewesen wäre. Die Aufprallenergie wird nämlich durch die Schließbewegung des Schubfachs weitgehend aufgefangen, das dadurch wie ein Stoßdämpfer beim Auto wirkt.

Wir brauchen:
Streichholzschachtel
Tisch

Wir lassen eine Streichholzschachtel so fallen, daß sie beim Auftreffen stehenbleibt

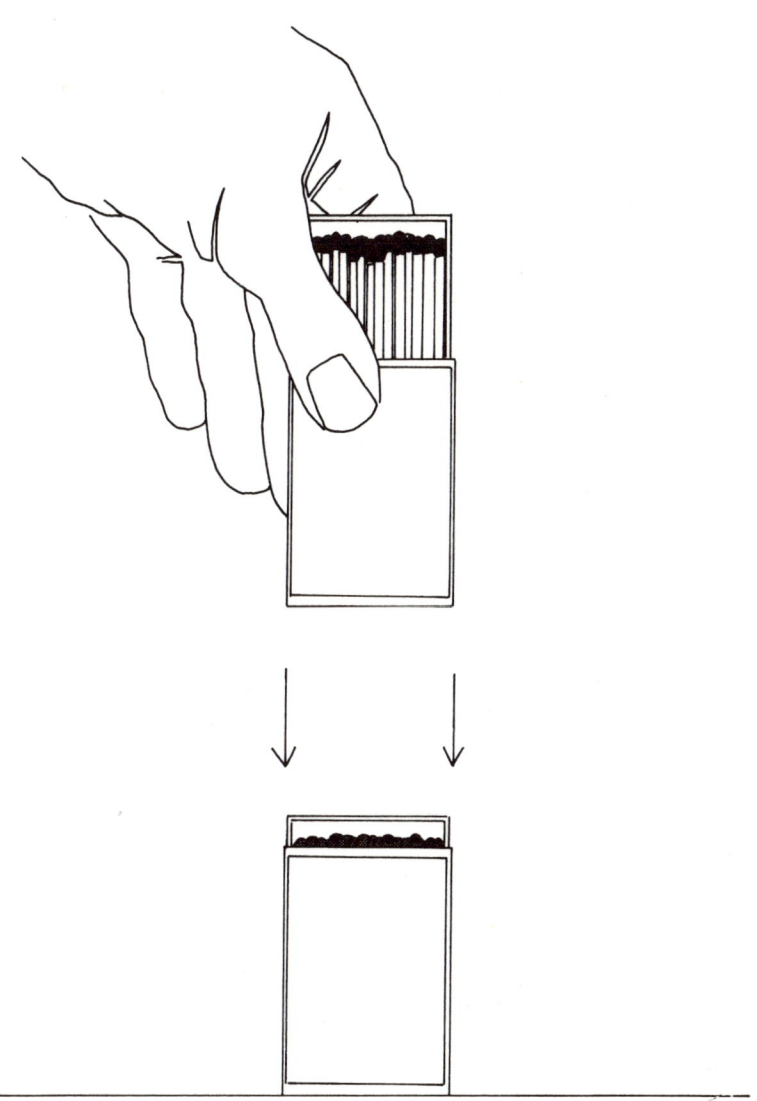

Die hydraulische Presse

Wir basteln aus Holz einen Ständer und befestigen an diesem einen langen Gummischlauch, wie es das Bild zeigt. Das untere Ende des Schlauchs verbinden wir mit der Öffnung einer Gummi-Wärmflasche, wobei wir darauf achten müssen, daß diese Verbindung ganz wasserdicht ist. Auf die Wärmflasche legen wir einige schwere Gegenstände, z. B. Bücher. Wenn wir nun langsam Wasser in das obere Schlauchende einfüllen, bemerken wir, daß die Bücherlast durch das Wasser etwas hochgehoben wird. Man würde doch zunächst vermuten, daß die Last so schwer ist, daß sie gar kein Wasser in die Gummiflasche hineinläßt.
Dieser Versuch ist eine Demonstration des Pascalschen Gesetzes. Pascal war ein französischer Physiker und Philosoph, der von 1623 bis 1662 lebte. Nach diesem Gesetz wirkt der auf eine bestimmte Flüssigkeitsmenge (z. B. das Wasser in der Wärmflasche) ausgeübte Druck nach allen Richtungen gleichmäßig. Dieser in der ganzen Flüssigkeit gleich große Druck erzeugt über eine größere Fläche eine größere Kraft als über eine kleinere Fläche. Daher kann die durch den Gummischlauch (kleine Querschnittsfläche) zugeführte Wassermenge die Bücherlast auf der Gummiflasche (große Fläche) anheben.

Wir heben mit Hilfe von Wasser schwere Gegenstände an

Wir brauchen:
Holzständer
Gummischlauch
Wärmflasche
Bücher oder andere
 schwere Gegenstände
Wasser

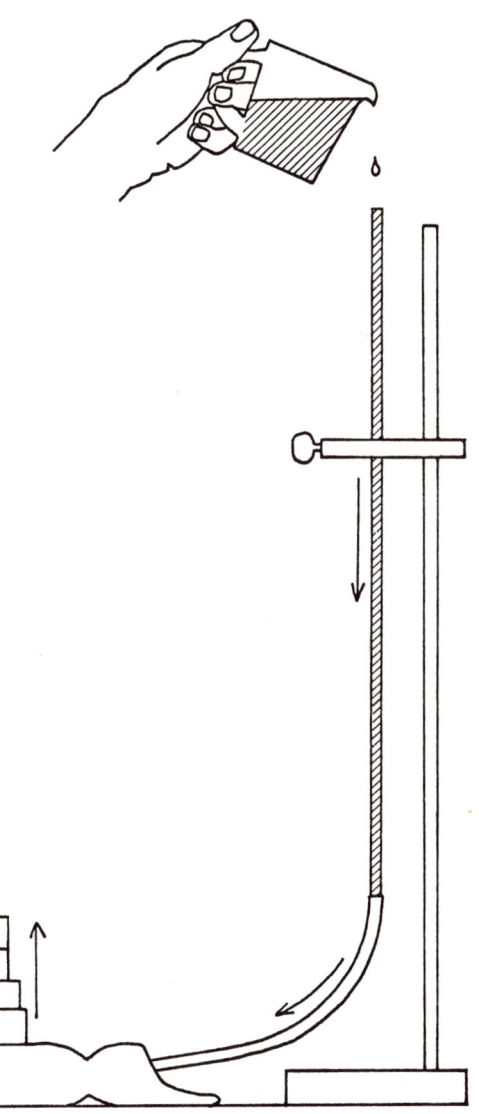

Die eigenwillige Spielkarte

Wir halten eine Spielkarte etwa 1 Meter über einen schmalen Tisch und lassen sie – mit der Kante nach unten – los. Wir beobachten, daß die Karte nicht genau senkrecht, sondern in einem leichten Bogen zur Seite herunter und neben dem Tisch zu Boden fällt, wie es das erste Bild zeigt. Nun wiederholen wir den Versuch, halten aber diesmal die Karte mit dem Daumen auf der einen und den Fingern auf der anderen Seite exakt waagerecht, wie es im zweiten Bild dargestellt ist. Nach dem Loslassen schwebt die Karte gerade herunter auf den Tisch.
Die waagerecht gehaltene Karte fällt durch den in dieser Lage größeren Luftwiderstand langsamer und geradliniger als beim ersten Mal. Sie schwebt ähnlich wie ein Fallschirm sachte zu Boden.

Wir brauchen:
Spielkarte
Schmalen Tisch

Wir lassen eine Spielkarte auf einen Tisch fallen

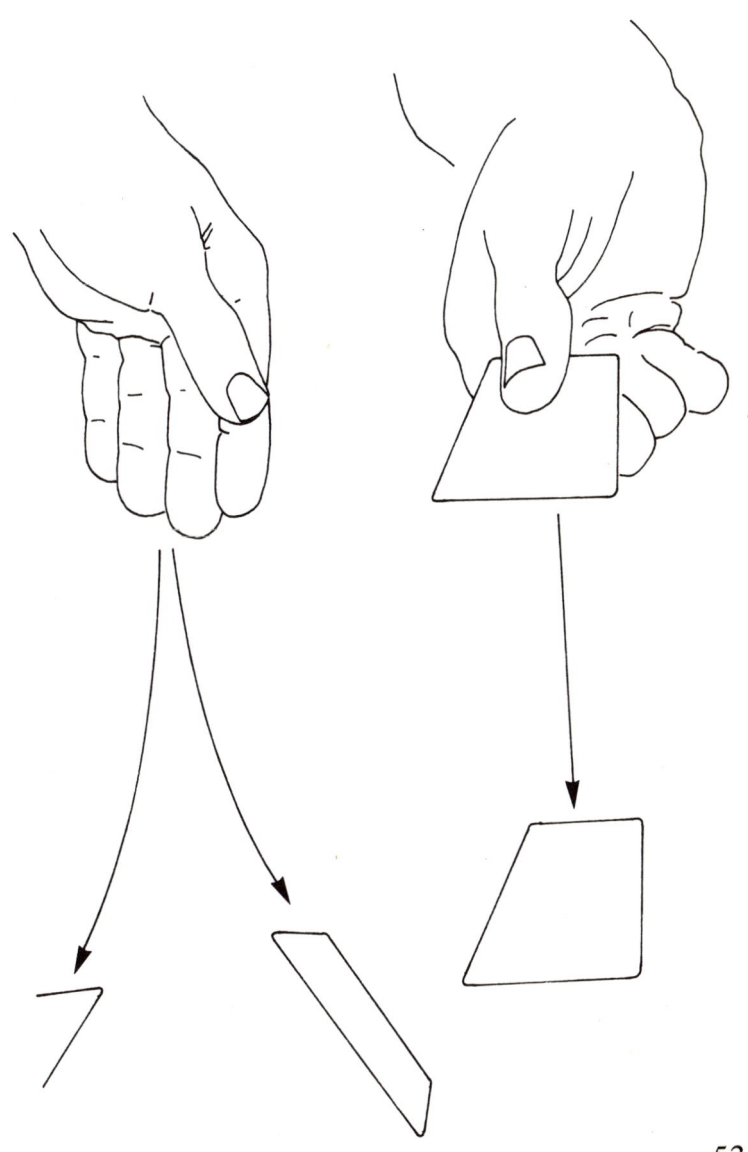

Der Salz-Pfeffer-Versuch

Wir mischen etwas Salz mit Pfeffer und schütten die Mischung auf einen Tisch. Wie lassen sich Salz und Pfeffer auf einfache Weise wieder voneinander trennen? Mit einem Wolltuch reiben wir einige Male kräftig an einem Plastiklöffel und halten diesen dann über die Mischung. Die winzigen Pfefferkörnchen springen zum Löffel hoch und bleiben für kurze Zeit an ihm haften. Wo steckt die Zauberkraft?
Durch das Reiben mit dem Wollappen wird der Plastiklöffel elektrisch aufgeladen und zieht daher die Mischung an. Da die Pfefferkörnchen leichter als die Salzkörner sind, springen die Pfefferkörnchen durch die elektrische Anziehungskraft als erste hoch zum Löffel. Der Versuch gelingt aber nur, wenn wir den elektrisch aufgeladenen Löffel langsam an die Mischung heranführen und ihr nicht zu nahe kommen, weil sonst die Salzkörner ebenfalls auf den Löffel überspringen.

Wir brauchen:
Salz
Pfeffer
Plastiklöffel
Wollappen

Wir trennen ein Gemisch von Salz und Pfeffer

Das schwebende Ei

Wir füllen ein hohes Glas zur Hälfte mit Wasser. Dann geben wir drei Eßlöffel Salz ins Wasser und rühren einige Male schnell um, bis sich alles Salz im Wasser gelöst hat. Wenn wir nun behutsam ein frisches, nicht gekochtes Ei in die Mitte des Wassers halten und loslassen, beobachten wir, daß das Ei nicht zu Boden sinkt, sondern in der Schwebe gehalten wird. Des Rätsels Lösung: Salzwasser hat eine größere Auftriebskraft, trägt also besser, als gewöhnliches Wasser.

Wenn wir nun noch langsam frisches Wasser über das Ei schütten, bis das Glas voll ist, bleibt das Ei dennoch in der Schwebe. Der Auftrieb des Salzwassers ist so groß, daß es nicht nur das Ei nach wie vor im Schwebezustand hält, sondern auch auf das zugegebene frische Wasser wirkt, dieses also für einige Zeit in der Nähe der Oberfläche hält.

Jeder, der schon einmal in Salzwasser, z. B. in der Nordsee oder im Mittelmeer, gebadet hat, konnte sich von der hohen Tragfähigkeit von Salzwasser überzeugen. Beim Schwimmen in Salzwasser kann man sich viel leichter an der Wasseroberfläche halten als in gewöhnlichem Schwimmbad-Wasser.

Wir halten ein Ei in einem Glas Wasser in der Schwebe

Wir brauchen:
Hohes Glas
Salz
Eßlöffel
Wasserkrug
Frisches Ei

Das selbstgemachte Wasserzeichen

Ein Blatt Schreibpapier halten wir so lange in Wasser, bis das Papier ganz mit Feuchtigkeit durchtränkt ist. Das nasse Blatt legen wir auf die Oberfläche eines Spiegels. Mit einem spitzen Gegenstand, z. B. einem Zahnstocher oder einem Kugelschreiber mit *leerer* Mine, schreiben wir nun irgendwelche Zeichen auf das feuchte Papier, das wir anschließend trocknen lassen. Nach dem Trocknen sieht das Papier wieder weiß aus. Halten wir es aber gegen das Licht, können wir deutlich unsere Schriftzeichen (Wasserzeichen) erkennen.

Durch Drücken mit einem spitzen Gegenstand auf das nasse Papier haben wir die Cellulosefasern, aus denen das Papier besteht, in ihrer Anordnung gestört. Beim Trocknen bleibt die gestörte Faserstruktur erhalten und ergibt auf diese Weise unsere Wasserzeichen.

Wir brauchen:
Blatt Schreibpapier
Schüssel mit Wasser
Zahnstocher oder Kugelschreiber
   mit leerer Mine
Spiegel

Wir stellen uns eigene Wasserzeichen her

Die stabilen Seifenblasen

Aus Wasser und Spülmittel stellen wir uns eine seifige Mischung her. Hinzu geben wir soviel Glyzerin, bis die Mischung sich nach schnellem Umrühren ein wenig klebrig anfühlt. Diese Seifenlösung mit Glyzerin eignet sich vorzüglich zum Seifenblasen, wozu wir ein Röhrchen oder eine an einem Stift befestigte Drahtschlinge benutzen.

Unsere Seifenblasen zerplatzen nicht so schnell wie die mit einer gewöhnlichen Seifenlösung hergestellten Seifenblasen, weil das Glyzerin die Haut der Seifenblasen widerstandsfähiger macht.

Wir brauchen:
Kleine Rührschüssel
Wasser
Spülmittel
Glyzerin
Blasröhrchen oder
  Drahtschlinge mit Halter

Wir machen Seifenblasen,
die nicht so schnell zerplatzen

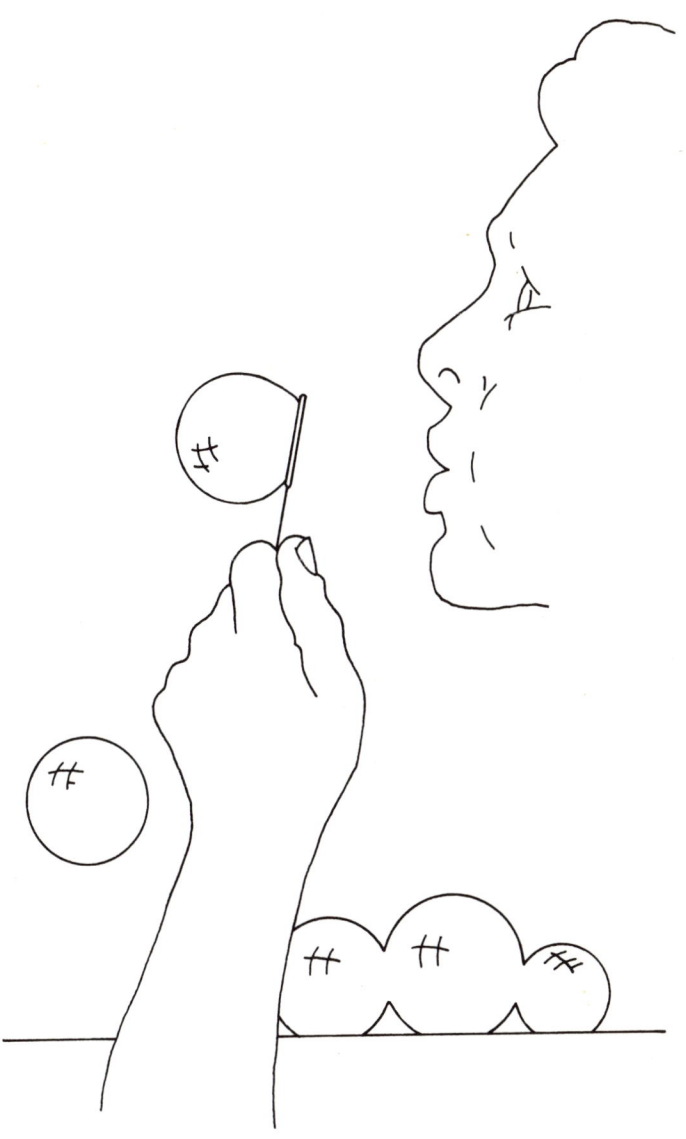

61

Der Wärmeausdehnungs-Versuch

Metalle dehnen sich beim Erhitzen aus. So dehnt sich zum Beispiel eine Metall-Bratpfanne um etwa 0,8 mm aus, wenn sie auf der Herdplatte stark erhitzt wird. Wir wollen diese Wärmeausdehnung von Metall sichtbar machen und besorgen uns eine lange, dünne Metallstange, z. B. eine Stricknadel. Wir bauen zwei gleich hohe Bücherstapel, legen je einen kleinen Spiegel (Taschenspiegel) auf die Bücher und stützen die Metallstange mit ihren Enden auf den beiden Spiegeln auf, so daß sie die Bücherstapel brückenartig verbindet, wie es das Bild zeigt. Nun stecken wir eine lange Nähnadel mitten durch einen Strohhalm und schieben sie mit ihrem spitzen Ende vorsichtig unter das eine Ende der Metallstange. Dabei müssen wir darauf achten, daß die Nadel fest im Strohhalm steckt. Gegen das andere Ende der Metallstange stellen wir ein schweres Buch, gegen das sich die Stange später abstützen kann. Das auf der Nähnadel ruhende Ende der Stange sollte nur auf der Nadel und nicht auf dem Spiegel aufliegen. Die Spiegel an den beiden Enden verwenden wir deshalb, damit die Nadel und die Metallstange auf möglichst glatten Flächen aufliegen und sich dadurch leicht bewegen können.

Wenn wir nun die Metallstange mit Hilfe einiger Kerzen stark erhitzen, dehnt sie sich ein wenig aus. Dadurch dreht sie aber gleichzeitig die Nähnadel, auf der sie ruht, ein wenig und mit ihr den Strohhalm als Zeiger, der dabei deutlich sichtbar seine Richtung ändert. Beim Abkühlen

Wir zeigen, daß Metall sich beim Erhitzen ausdehnt

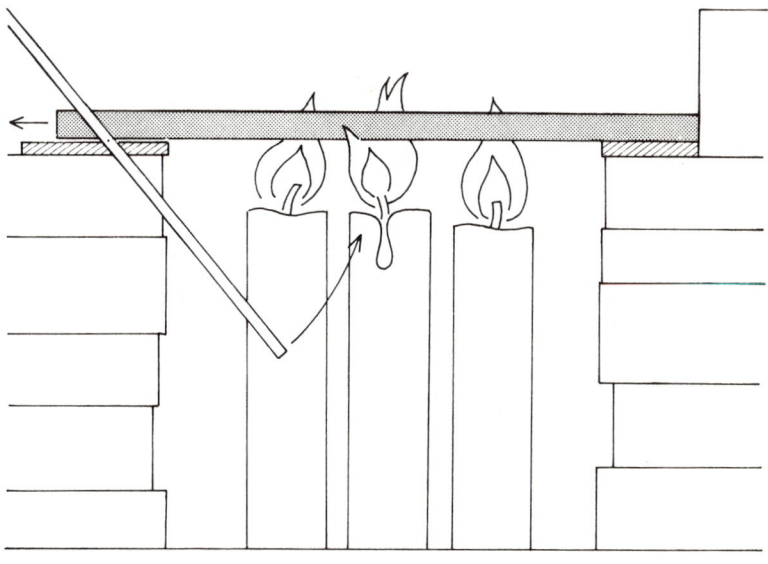

Wir brauchen: Lange dünne Metallstange
oder Metall-Stricknadel
Schweres Buch, z.B. dickes Lexikon
Lange Nähnadel
Strohhalm
Zwei gleich hohe Bücherstapel
Zwei kleine Spiegel
Streichhölzer
Mehrere Kerzen

der Metallstange kehrt der Strohhalm wieder in seine ursprüngliche Stellung zurück, was uns anzeigt, daß auch die Metallstange schließlich wieder ihre ursprüngliche Länge erreicht.

Das Gewicht im Wasserglas

Wir hängen ein zu etwa dreiviertel gefülltes Glas Wasser an zwei elastischen Bändern, z. B. Gummibändern, auf. Dann befestigen wir einen Stein oder einen anderen schweren Gegenstand an einem Faden und senken ihn langsam in das Wasser hinab. Dabei fällt uns auf, daß sich das Glas nach unten bewegt und die elastischen Bänder spannt. Das Glas ist also schwerer geworden. Das Gewicht des Glases hat durch das Eintauchen des schweren Gegenstands um soviel zugenommen, wie das Gewicht der vom Gegenstand verdrängten Wassermenge beträgt.

Wir brauchen:
Glas Wasser
Zwei elastische Bänder
Stein oder anderen
    schweren Gegenstand
Faden

Wir bewegen ein Glas Wasser, ohne es zu berühren

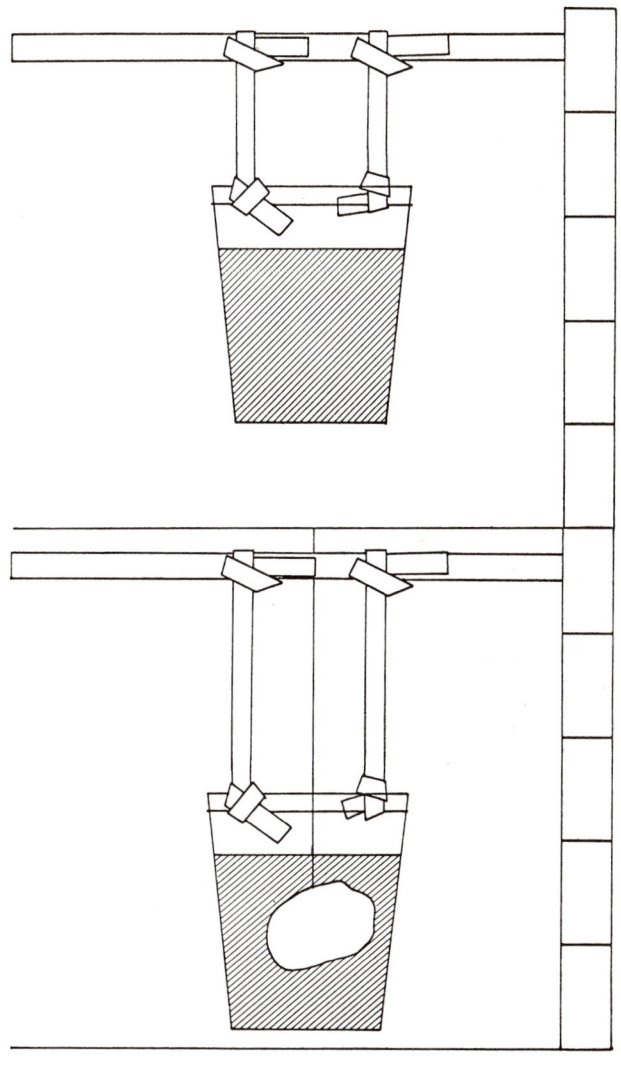

Der Springbrunnen in der Flasche

In den Schraubverschlußdeckel eines Glases bohren wir in einigem Abstand zwei Löcher von der Größe, daß wir einen Trinkhalm „mit sanfter Gewalt" gerade eben durch eines der Löcher hindurchstecken können. Der Trinkhalm sollte etwa 5 cm in das Glas hineinragen. In das andere Loch drücken wir einen weiteren, möglichst längeren und dickeren Trinkhalm. Beide Halme sollten nach Möglichkeit aus Plastik sein. Mit etwas Plastilin oder Knetmasse dichten wir die Durchstoßstellen auf dem Deckel sauber ab, so daß bei geschlossenem Deckel Luft nur durch die Halme in das Glas gelangen kann. Wir füllen etwas Wasser in das Glas und schrauben den Deckel fest zu.
Das Glas stellen wir nun mit dem Deckel nach unten so auf die Öffnung eines anderen, mit Wasser gefüllten Glases, daß der kurze Trinkhalm in das Wasser – das wir z. B. mit ein paar Tropfen roter Tinte gefärbt haben – hineinragt. Das Bild zeigt die Anordnung der Gläser und der Halme.
Zu unserer Überraschung spritzt eine kleine farbige Wasserfontäne im oberen Glas empor. Ursache hierfür ist der Luftdruck: Wenn das Wasser aus dem oberen Glas durch den langen Halm ausrinnt, verringert sich der Luftdruck im oberen Glas. Der (größere) Luftdruck über der Wasseroberfläche des unteren (offenen) Glases drückt daher das Wasser durch den kurzen Trinkhalm in das obere Glas empor.

Wir erzeugen einen Springbrunnen in einer Flasche

Wir brauchen:
Zwei Gläser mit Schraubverschlußdeckel
Bohrer
Trinkhalme, möglichst aus Plastik
Rote Tinte
Wasser
Plastilin oder Knetmasse

Zauberei mit einer Rose

Wir mischen etwas rote Tinte mit Wasser – etwa 1 Teil Tinte auf 3 Teile Wasser – und füllen die Mischung in ein kleines Glas. Mit blauer Tinte stellen wir ebenfalls eine solche Mischung her und geben diese in ein anderes Glas. Dann spalten wir den Stengel einer weißen Rose auf einer größeren Länge sorgfältig in zwei Hälften und tauchen die eine Hälfte in die rote, die andere in die blaue Tintenmischung, wie es das Bild zeigt.
Die feinen Adern in der Rose färben sich bald mit den Tinten, und nach einigen Stunden ist die weiße Rose zur Hälfte rot und zur anderen Hälfte blau geworden. Warum?
Die Tintenmischungen steigen im Stengel durch die hauchdünnen Leitungsröhren, durch welche die Pflanze Wasser und Nährstoffe aufnimmt, empor. Während das Wasser verdunstet, verbleibt der Tintenfarbstoff in den Blütenblättern.
Wir können diesen Versuch auch mit anderen Blumen durchführen, die weiße Blütenblätter besitzen, z. B. mit Dahlien und Nelken.

Wir brauchen:
Rote Tinte
Blaue Tinte
Weiße Rose, Dahlie oder Nelke
Zwei kleine Gläser
Messer oder Schere
Wasser

Wir verwandeln eine weiße in eine rot-blaue Rose

Das Ei in der Flasche

Ein hartgekochtes Ei legen wir für etwa 24 Stunden in Essig. Der Essig weicht dabei als schwache Säure die Eischale ein wenig auf.
Dieses Ei können wir nun in eine Flasche mit relativ engem Hals drücken, wie es das Bild zeigt, ohne daß das Ei dabei beschädigt wird.

Wir brauchen:
Hartgekochtes Ei
Kleine Schale
Essig
Flasche

Wir drücken ein Ei in eine Flasche

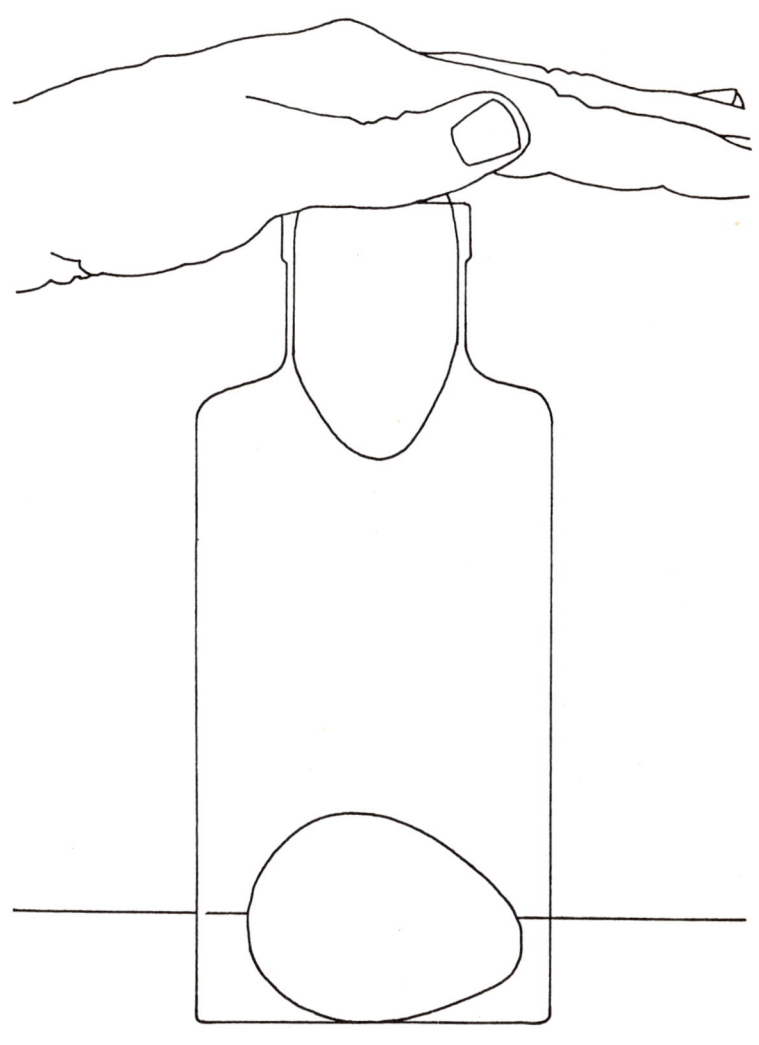

Das kräftige Salz

Eine etwa 30 cm lange, dünne Röhre verschließen wir an einem Ende mit einem Stück Papier, das wir mit einem Gummiband befestigen, wie es das Bild zeigt. Die Röhre füllen wir 8 bis 10 cm hoch mit Salz. Nun versuchen wir, mit einem in das offene Röhrenende eingeführten Holzstab so kräftig gegen das Salz zu drücken, daß der Papierverschluß am anderen Röhrenende abgesprengt wird. Verwundert werden wir feststellen, daß unsere Kraft, mit der wir gegen das Salz drücken, dazu nicht ausreicht. Warum?
Wenn wir mit dem Stab in Richtung der Röhrenachse auf das Salz drücken, verteilt dieses den Druck nach allen Seiten, also auch auf die Röhrenwand. Die Röhrenwand fängt den größten Teil des auf das Salz ausgeübten Druckes auf und schützt dadurch das Papier.

Wir brauchen:
Etwa 30 cm lange, dünne Röhre
Papier
Gummiband
Salz
Holzstab
Messer oder Schere

Wir zeigen, wie Salzkörner einen hohen Druck gleichmäßig verteilen

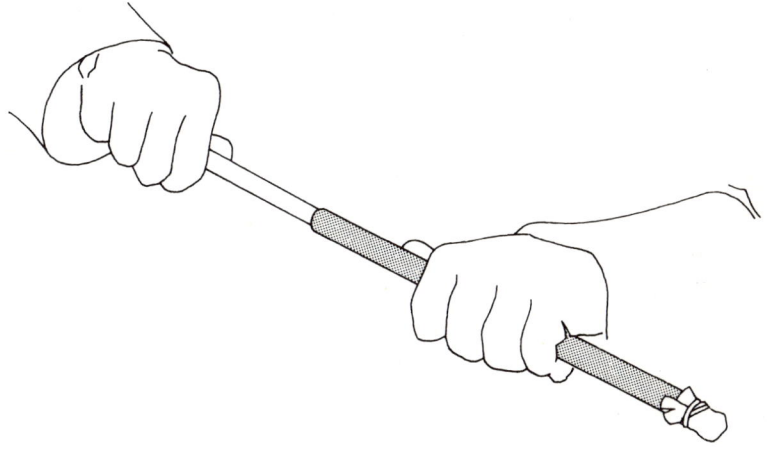

Die Flaschenrakete

In den Schraubdeckel einer Plastikflasche bohren wir ein Loch, stecken einen Trinkhalm (möglichst aus Plastik) hinein und befestigen ihn mit Klebstoff oder Plastilin. Nun brauchen wir noch einen etwas dickeren Trinkhalm, der sich genau über den im Deckel befindlichen Halm schieben läßt und den wir auf etwa 10 cm Länge zurechtschneiden. Aus dünnem Pappkarton schneiden wir einige kleine Dreiecke aus und kleben sie zur Stabilisierung unserer Rakete unten an den dicken Trinkhalm. Die obere Öffnung des Halms verschließen wir mit einem Kügelchen Plastilin.
Fertig sind unsere Rakete und die Startrampe. Um die Rakete zu starten, schieben wir den weiten Trinkhalm ganz über den aus der Flasche ragenden Halm und drücken dann die Flasche ruckartig und so kräftig wie möglich zusammen: Unsere Rakete fliegt mehrere Meter weit durch die Luft.
Beim Zusammendrücken wird die Luft in der Flasche zusammengepreßt. Diese komprimierte Luft versucht sich Platz zu schaffen, indem sie aus der Flasche entweicht und dabei die Trinkhalmrakete von dem Leithalm wegdrückt.

Wir starten eine Trinkhalmrakete mit komprimierter Luft

Wir brauchen:
Dünnen Trinkhalm (möglichst aus Plastik)
Dicken Trinkhalm
Plastikflasche mit Schraubverschluß
Dünnen Pappkarton
Klebstoff
Schere
Plastilin oder Knetmasse
Bohrer

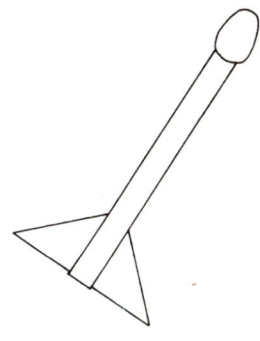

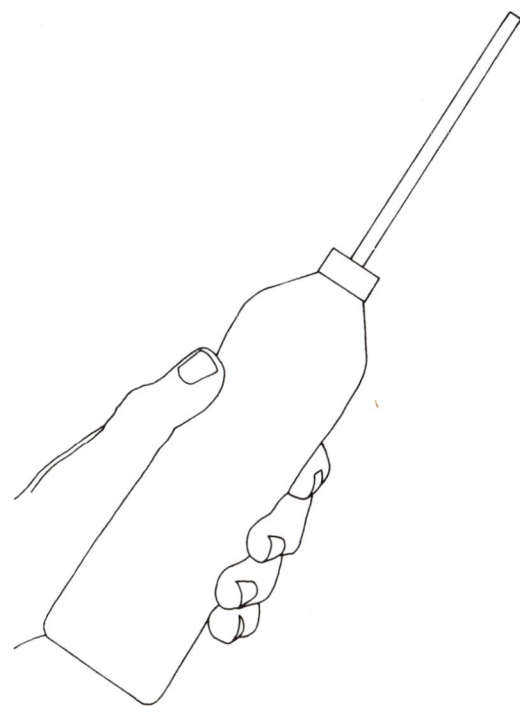

Das Faden-Experiment

Um ein dickes Buch knoten wir einen ziemlich kräftigen langen Faden und verknoten diesen am anderen Ende mit einem dünnen Faden, wie es das Bild zeigt. Wenn wir nun an dem unteren Faden ziehen, welcher der beiden Fäden wird dann reißen?

Wollen wir den oberen, kräftigen Faden zerreißen, so bitten wir einen Freund, den oberen Faden festzuhalten, während wir langsam, aber zunehmend kräftiger am unteren Faden ziehen – bis schließlich der obere, kräftigere Faden reißt (!). Dieser wird ja nicht nur durch die Kraft unseres Arms, sondern auch noch durch das Gewicht des schweren Buches belastet.

Wollen wir hingegen den unteren, dünneren Faden zerreißen, wiederholen wir den Versuch, ziehen aber diesmal den unteren Faden ruckartig und kräftig nach unten. Dieser reißt, während der obere Faden unversehrt bleibt. Durch die ruckartige Kraftwirkung wird fast nur der untere Faden belastet, weil das schwere Buch eine zu große Trägheit besitzt, um diesem Ruck blitzschnell folgen und dadurch den oberen Faden wie im vorigen Experiment belasten zu können.

Diese Versuche müssen wir vorher mit verschiedenen Fäden ausprobieren, weil die Fäden eine bestimmte Festigkeit haben müssen, damit die Versuche dann beim Vorführen auf Anhieb klappen.

Der Trick mit dem starken und dem schwachen Faden

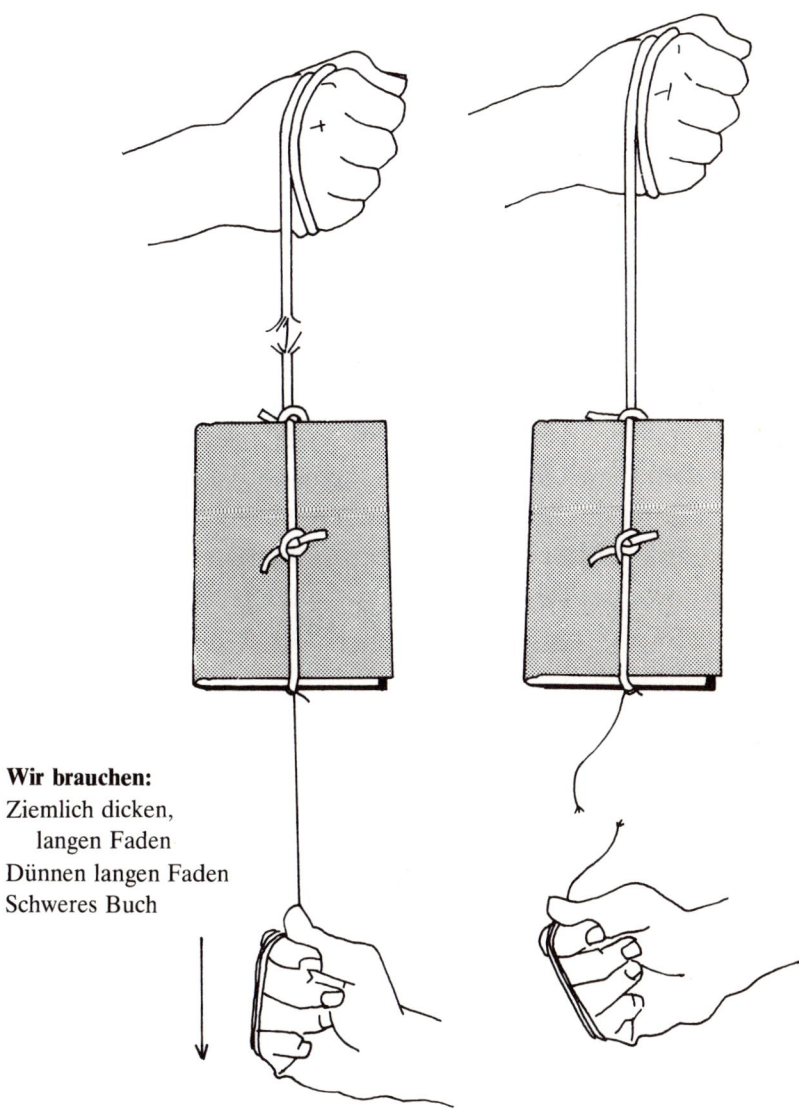

Wir brauchen:
Ziemlich dicken, langen Faden
Dünnen langen Faden
Schweres Buch

Der Mittelpunkt von Afrika

Auf ein dünnes, durchscheinendes Papier zeichnen wir mit Hilfe einer Landkarte die Umrisse des Kontinents Afrika, kleben dieses dann auf einen dünnen Pappkarton (Zeichenkarton) und schneiden den Kontinent aus. An einen dünnen Faden binden wir als Gewicht ein Stück Metall, einen Kieselstein oder ähnliches. Nun hängen wir unseren Pappkontinent in der Nähe der „Küste" mit einer Nadel an einer Wand auf (z. B. am Punkt a des Bildes), wobei wir darauf achten müssen, daß das Pappstück frei um die Nadel hin und her pendeln kann, also nicht festgeklemmt ist. An die Nadel (Punkt a) hängen wir den Faden mit dem Gewicht und ziehen längs des Fadens eine Linie quer durch „Afrika". Nun hängen wir den Pappkontinent an einem anderen, ebenfalls küstennahen Punkt b so auf, daß er wieder frei pendeln kann, ziehen wieder eine Linie längs des nun an diesem Punkt hängenden Fadens und wiederholen das ganze von einem dritten küstennahen Punkt c aus.
Die drei Linien schneiden sich in einem Punkt d, dem Mittelpunkt (genau: dem Schwerpunkt) des Kontinents Afrika.
Dieses Verfahren, die Lage des Schwerpunkts eines Körpers durch freies Aufhängen an drei Punkten zu bestimmen, kann man natürlich auch mit allen möglichen anderen Gegenständen durchführen. Ein frei hängender Körper nimmt stets eine solche Lage ein, daß sein Schwerpunkt sich in der tiefstmöglichen Stellung be-

Wir bestimmen den „Schwerpunkt" von Afrika

findet. Auf diese Weise konnten wir mit Hilfe des Fadens den Schwerpunkt des nacheinander an drei verschiedenen Punkten aufgehängten Kontinents als Schnittpunkt dreier Linien finden.

Wir brauchen:
Landkarte von Afrika
Dünnen Pappkarton
  (Zeichenkarton)
Dünnes,
  durchscheinendes Papier
Schere
Bleistift
Nadel
Kleines Gewichtsstück
Dünnen Faden

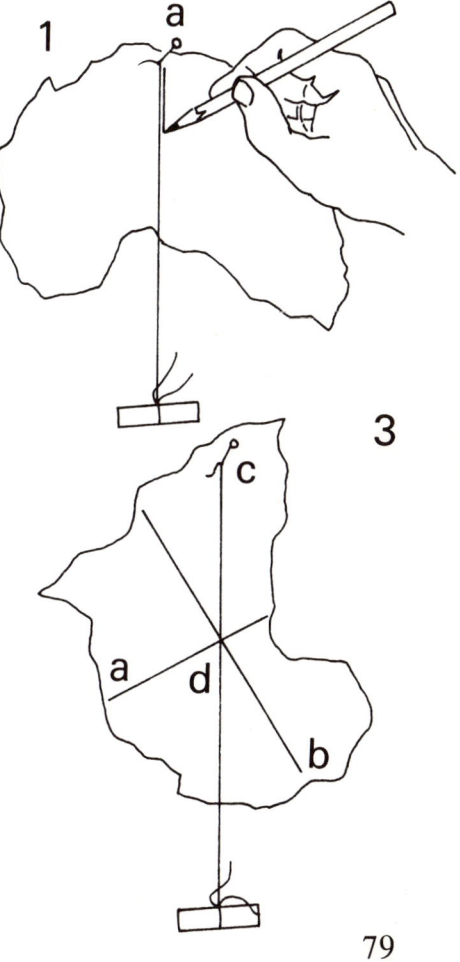

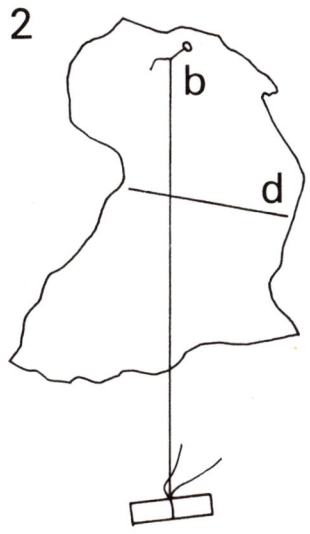

Die tauchende Flasche

Wir füllen ein hohes Glas fast bis zum Rand mit Wasser. Eine kleine, offene Flasche tauchen wir kopfüber in das Wasser und lassen gerade so viel Wasser eindringen, daß die Flasche mitten im Wasser schwebt. Nun füllen wir das Glas bis zum Rand voll mit Wasser. Wenn wir die Öffnung des Glases vollständig mit unserem Handteller bedecken, wie es das Bild zeigt, sinkt die kleine Flasche tiefer. Nehmen wir die Hand weg, steigt die Flasche wieder höher.

Dahinter steckt keine Zauberei. Wenn wir die Hand über die Öffnung des Glases pressen, erhöht sich der Druck im Glas. Da sich Wasser kaum zusammenpressen läßt, d. h. eine sehr kleine Kompressibilität besitzt, Luft hingegen bedeutend kompressibler ist, wird die Luft in der Flasche etwas zusammengedrückt. Dadurch kann etwas mehr Wasser in die Flasche eindringen – die Flasche sinkt.

Wir brauchen:
Hohes Glas
Kleine Flasche
Wasserkrug

Wir lassen eine Flasche im Wasser auf und nieder tauchen

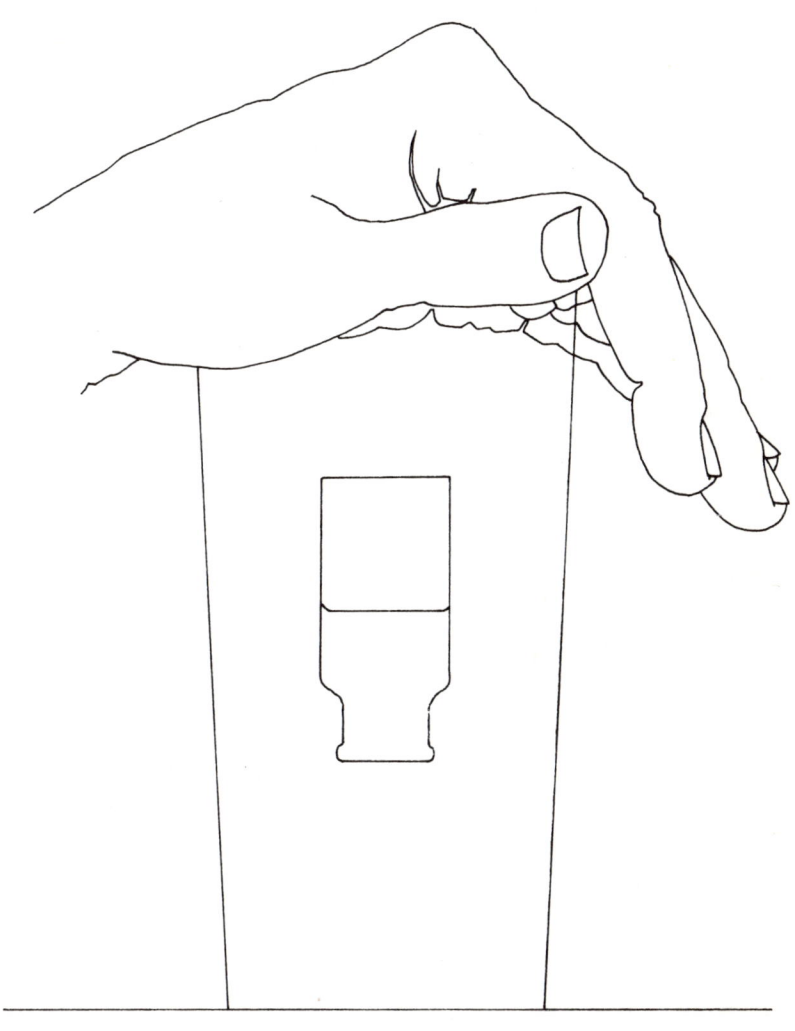

Die Spektralfarben

Aus steifem Pappkarton schneiden wir einen Kreis aus, teilen ihn in sechs gleiche Felder auf und bemalen jedes Feld mit einer anderen Farbe, wie es das erste Bild zeigt. In gleichem Abstand vom Kreismittelpunkt bohren wir zwei kleine Löcher, stecken eine dünne, aber feste Kordel hindurch und verknoten sie an den Enden. Die Pappscheibe verschieben wir auf den beiden (geschlossenen) Kordelsträngen so, daß sie sich in der Mitte der Kordelschleife befindet. Nun halten wir die Kordelschleife an beiden Enden und drehen die Pappscheibe mehrere Male, bis die Kordel stark verdrillt ist, wie es das zweite Bild zeigt. Wenn wir jetzt in einem bestimmten gleichmäßigen Rhythmus die Kordel an den Schlaufen auseinanderziehen, wird die Pappscheibe in eine schnelle, hin und her schwingende Drehung versetzt. Wir beobachten dabei, daß die Scheibe bei der schnellen Rotation nicht mehr farbig aussieht: die sechs verschiedenen Farben „verschmelzen" zu Weiß. Dieser Versuch zeigt uns, daß Farben durch Mischung andere Farben (in diesem Fall Weiß) ergeben können. Auch das weiße Tageslicht (Sonnenlicht) besteht in Wirklichkeit aus verschiedenen Spektralfarben (Rot, Orange, Gelb, Grün, Blau, Indigo und Violett), die sich zu „Weiß" zusammensetzen. Manchmal sehen wir aber die einzelnen Spektralfarben des Sonnenlichts, z. B. im Regenbogen, auf der Haut einer Seifenblase oder auf einem Ölfleck auf der Straße.

Wir verwandeln Blau, Violett, Rot, Orange, Gelb und Grün in Weiß

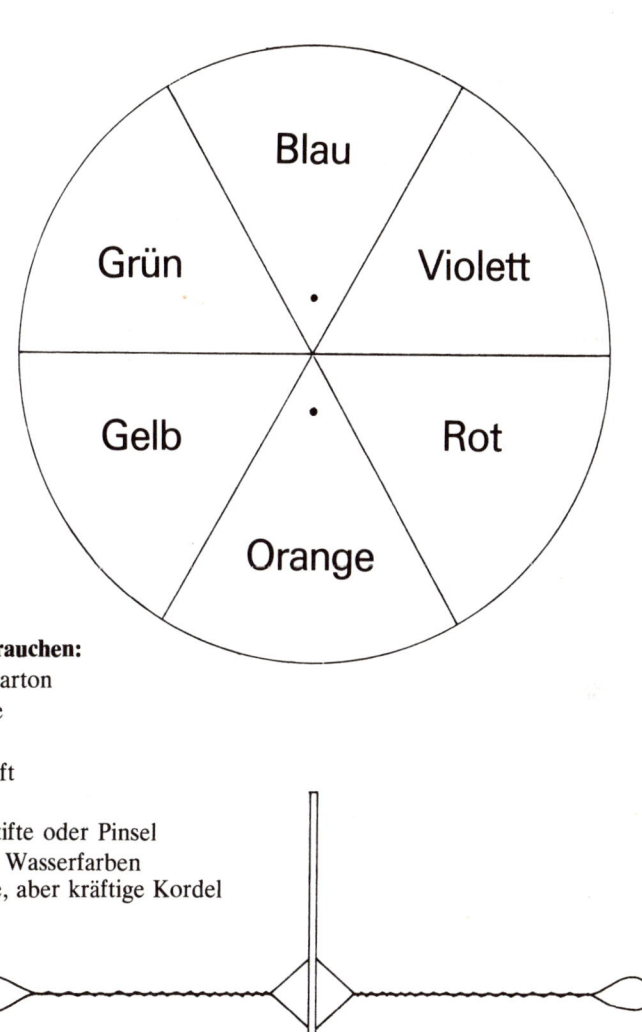

Wir brauchen:
Pappkarton
Schere
Zirkel
Bleistift
Lineal
Buntstifte oder Pinsel
   und Wasserfarben
Dünne, aber kräftige Kordel
Nadel

Die Erdkrümmung

Wir schneiden aus dünnem Pappkarton ein kleines Modellschiff aus und kleben es so auf eine Pappkarte, daß es auf der Pappoberfläche zu schwimmen scheint (Bild 1 oben). Wir bitten einen Freund, die Karte etwa in Augenhöhe waagerecht zu halten. Wenn wir uns nun der Karte aus größerer Entfernung nähern, erscheint das Schiff zunächst klein und wird immer größer, je näher wir dem Schiff kommen, wie es die Bildfolge 1 zeigt. Wenn unser Freund die Karte aber in einem leichten Bogen (von vorn nach hinten) biegt und wir den Versuch wiederholen, werden wir aus größerer Entfernung zunächst nur die Schornsteine des Schiffs sehen, und erst bei größerer Annäherung wird nach und nach das ganze Schiff sichtbar (Bildfolge 2).

Dieser Versuch zeigt uns, wie sich die Kugelgestalt der Erde, d. h. die Erdkrümmung, auf die Sichtbarkeit von sehr weit entfernten Gegenständen, z. B. von Schiffen auf See oder sehr weit entfernten Bergen, auswirkt. Die Karte soll den Horizont auf der Erde darstellen. Wenn die Erdoberfläche völlig eben wäre, würde man schon aus großer Entfernung ein Schiff zwar klein, aber ganz sehen können, und bei Annäherung würde das Schiff immer größer erscheinen (Bildfolge 1). Da die Erdoberfläche aber gekrümmt ist, sind von einem weit entfernten Schiff zunächst nur die oberen Teile, z. B. Schornsteine oder Segel, sichtbar. Verringert sich der Abstand immer mehr, so werden auch die unteren Teile des Schiffs sichtbar.

Wir zeigen, was geschehen würde, wenn die Erde eine Scheibe wäre

Da Schiffe am fernen Horizont immer so erscheinen, wie es in der Bildfolge 2 angedeutet ist, ist dies ein Beweis dafür, daß die Erdoberfläche gekrümmt ist.

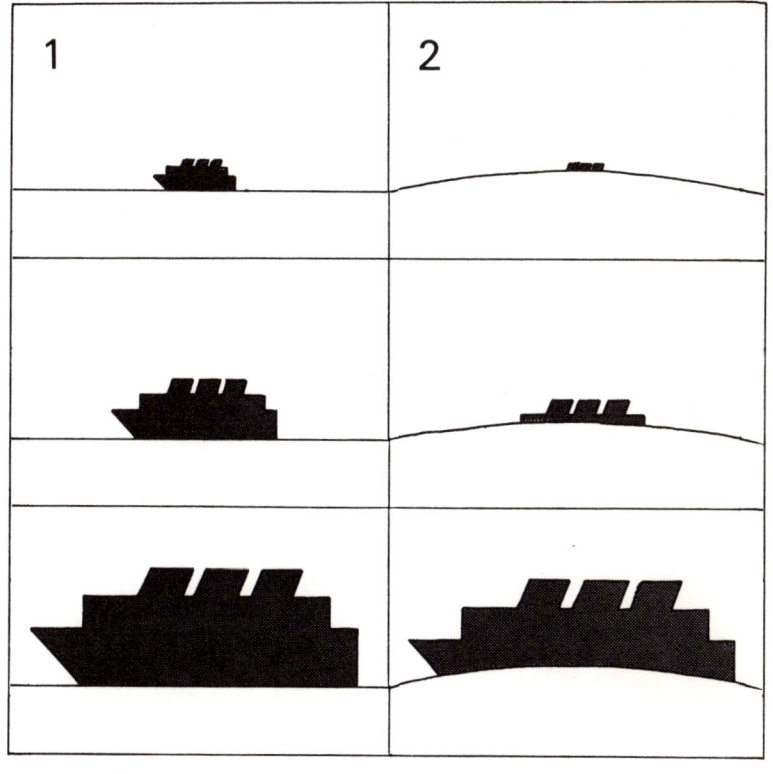

Wir brauchen: Kleines Modellschiff
Dünne, biegsame Karte

Zwei „feindliche" Ballons

Wir blasen zwei Luftballons zu gleicher Größe auf. Jeden Ballon reiben wir ein paarmal kräftig in einer Richtung mit einem Wollappen. Wenn wir die Ballons nun zusammenbinden und loslassen, wie es das untere Bild zeigt, stoßen sie sich gegenseitig ab. Warum?
Durch Reiben mit dem Wollappen wurden die Ballons elektrisch negativ aufgeladen. Gleichnamige Ladungen, also auch zwei elektrisch negativ geladene Körper, stoßen sich gegenseitig ab. Deshalb bewegen sich die Ballons auseinander.

Wir brauchen:
Zwei gleich große Ballons
Schnur
Wollappen

Zwei Ballons stoßen sich ab, ohne daß wir sie berühren

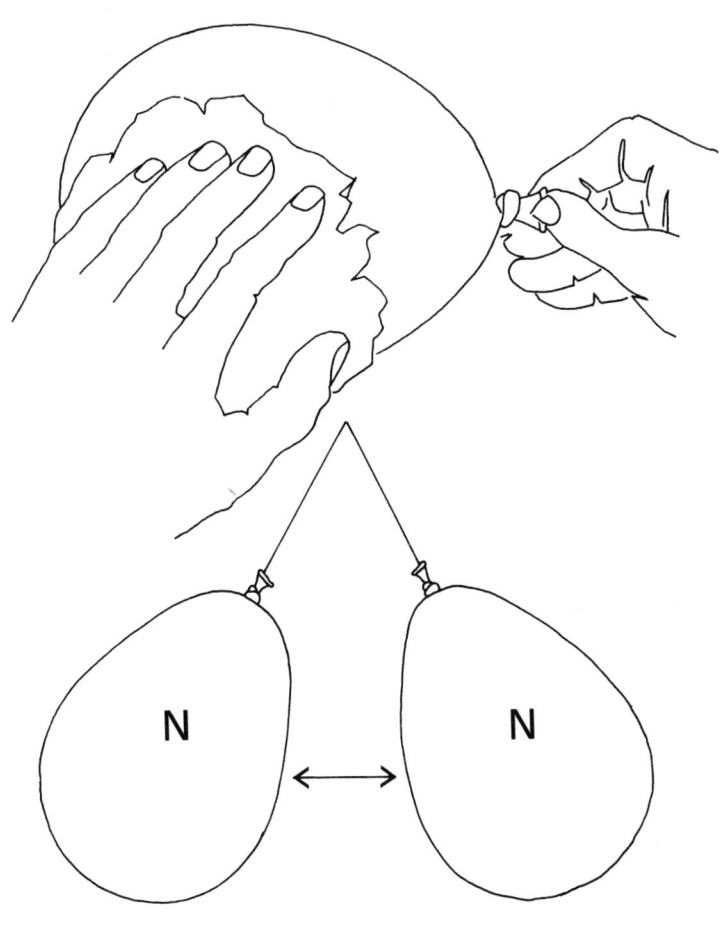

Der schwebende Reiskrug

Einen kugelförmigen Glaskrug füllen wir voll Reis und pressen diesen so kräftig wie möglich zusammen. Mit einem Messer stechen wir einige Male zwischen die dichtgepackten Reiskörner und pressen diese anschließend noch einmal mit unseren Händen und aller Kraft zusammen. Dann stecken wir ein großes Messer mit breiter Klinge tief in die Mitte des fest mit Reiskörnern vollgestopften Glaskrugs, wie es das Bild zeigt.
Wir werden es kaum glauben, aber es ist tatsächlich möglich, das reisgefüllte Glas an dem Messer hochzuziehen, ohne daß wir das Glas selbst berühren. Das Messer ist zwischen den Reiskörnern eingeklemmt.
Ursache dafür ist der große Druck, den die dichtgepackten Körner nicht nur aufeinander und auf die Wand des Glaskrugs, sondern auch auf die breite Messerklinge ausüben, die dadurch im Reis festgehalten wird.

Wir brauchen:
Ungekochten Reis
Kugelförmiges Glasgefäß
Großes Messer mit breiter Klinge

*Wir heben einen mit Reis gefüllten
   Krug mit einem Messer hoch*

Der Trichter-Versuch

Wir zünden eine Kerze an und stecken sie fest in einen Kerzenhalter. Dann blasen wir durch einen Trichter aus kurzer Entfernung gegen die Flamme, wie es das Bild zeigt. Die Flamme erlischt nicht, wird aber zur Trichteröffnung hin abgelenkt. Beim Blasen durch den Trichter erniedrigt sich in diesem der (statische) Luftdruck, so daß die umgebende Luft (höherer Luftdruck) versucht, durch die weite Öffnung in den Trichter einzuströmen.
Die durch den Trichter geblasene Luft wird durch die weite Öffnung auch auf eine größere Fläche verteilt.
Drücken wir hingegen die weite Trichteröffnung gegen das Gesicht und blasen nun umgekehrt – das dünne Trichterrohr genau auf die Kerze gerichtet – gegen die Flamme, so verlöscht diese. Jetzt wird unsere Puste durch das sich verengende Trichterrohr auf eine kleine Fläche konzentriert, und diesem starken Luftstrahl ist die Kerzenflamme nicht gewachsen.

Wir brauchen:
Kerze
Kerzenhalter
Streichhölzer
Trichter

Wir blasen eine Kerzenflamme mit einem Trichter aus

Der hydrostatische Druck

Wir bohren in die Seitenwand einer Dose in verschiedener Höhe mehrere Löcher und verschließen diese auf der Außenseite zunächst mit Knetmasse. Dann stellen wir die Dose auf eine erhöhte Unterlage im Spülbecken oder in der Badewanne, lassen aus dem Wasserhahn Wasser in die Dose laufen und entfernen die Knetmasse von den Löchern, kurz bevor die Dose ganz voll ist. Aus jedem Loch schießt ein Wasserstrahl. Dabei beobachten wir, daß die aus den oberen Löchern kommenden Wasserstrahlen nicht so weit spritzen wie die aus den unteren. Dieser Versuch zeigt uns, daß das Wasser in der Nähe des Dosenbodens durch das Gewicht der darüberliegenden Wassermassen zusammengedrückt wird. Der Wasserdruck oder hydrostatische Druck nimmt mit der Wassertiefe zu. Daher wird das Wasser aus den unteren Löchern mit größerem Druck herausgepreßt als aus den oberen.

Wir brauchen:
Leere Dose
Bohrer
Knetmasse oder Plastilin
Wasserhahn und Abfluß

Wir zeigen, daß der Wasserdruck mit der Tiefe zunimmt

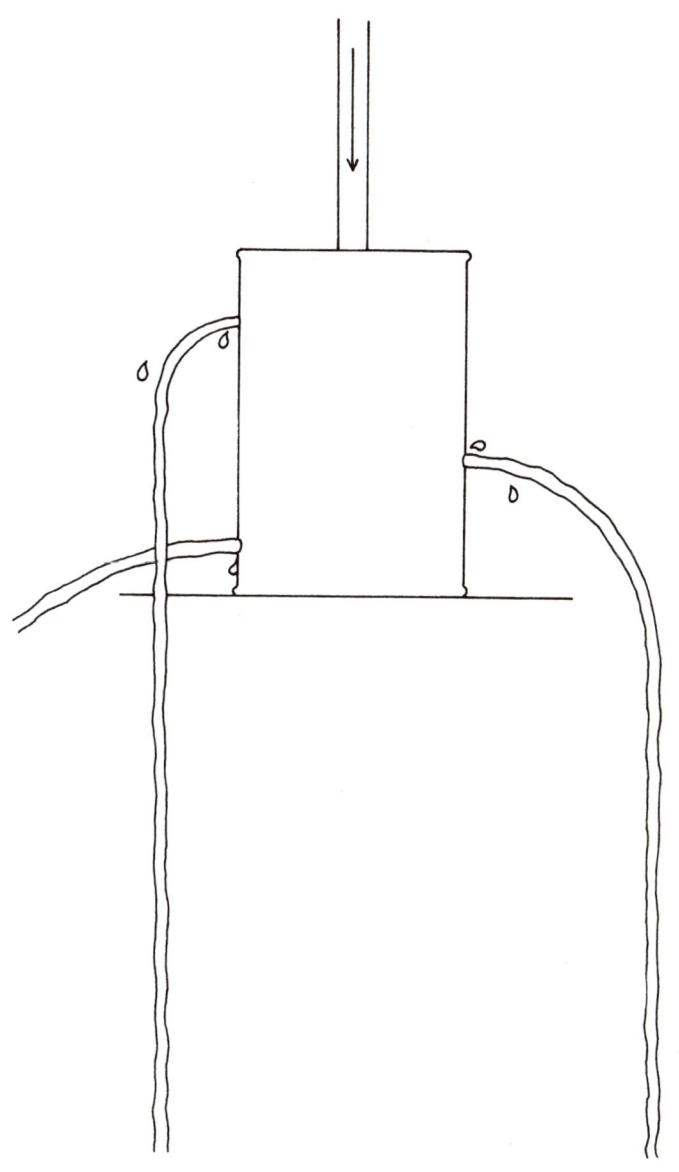

Das Papiermesser

Um die Klinge eines Messers mit gerader Schneide legen wir ein gefaltetes Blatt Schreibpapier. Mit diesem „Papiermesser" können wir nun eine rohe Kartoffel schneiden, indem wir gleichmäßig und kräftig mit der papierumwickelten Schneide auf die Kartoffel drücken. Das Papier wird beim Zerteilen der Kartoffel zu unserem Erstaunen nicht beschädigt.

Das mit der Klinge in die Kartoffel eindringende Papier wird nicht zerschnitten, weil der durch die Schneide auf das Papier ausgeübte Druck einen Gegendruck von der Kartoffel erfährt. Da das Innere der Kartoffel weicher ist als die Fasern des Papiers, gibt die Kartoffel nach, und das Messer drückt das Papier, ohne es zu beschädigen, durch die Kartoffel.

Wir brauchen:
Messer mit gerader Schneide
Bogen Schreibpapier
Rohe Kartoffel
Schneidebrett

Wir zerschneiden eine Kartoffel mit einem Stück Papier

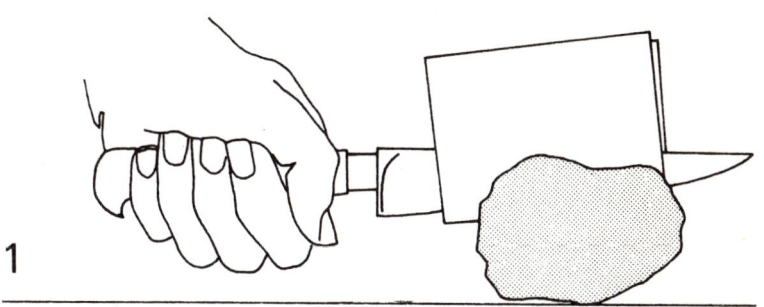

1

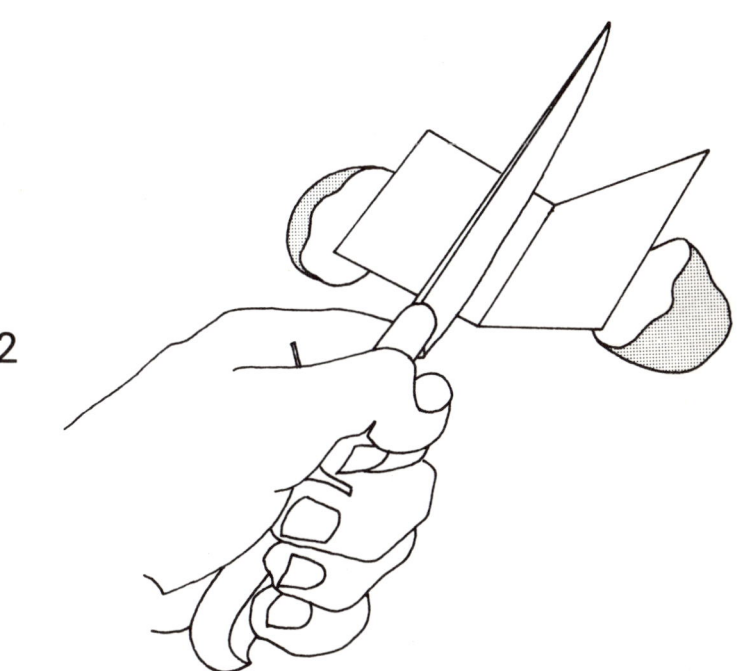

2

Das bewegte Streichholz

Wir füllen eine kleine, weite Schale mit Wasser und warten, bis die Wasseroberfläche spiegelglatt ist und sich nicht mehr bewegt. Nachdem wir einen Zuckerwürfel an einem dünnen Faden befestigt haben, legen wir behutsam ein Streichholz etwa in die Mitte der Schale auf die Wasseroberfläche. Nun lassen wir den Zuckerwürfel am Faden etwa 2 bis 3 cm vom Streichholz entfernt sachte auf die Wasseroberfläche herab. Nach kurzer Zeit bemerken wir, daß sich das Streichholz langsam auf den Zuckerwürfel zu bewegt. Ursache hierfür ist der Zucker, der sich im Wasser auflöst. Da die gebildete Zuckerlösung schwerer als Wasser ist, sinkt sie herab und setzt dadurch die umgebenden Wassermassen und mit diesen das Streichholz in leichte Bewegung.

Wir brauchen:
Kleine Schale
Wasser
Dünnen Faden
Stück Würfelzucker
Streichholz

Ein Streichholz wird durch einen Zuckerwürfel angezogen

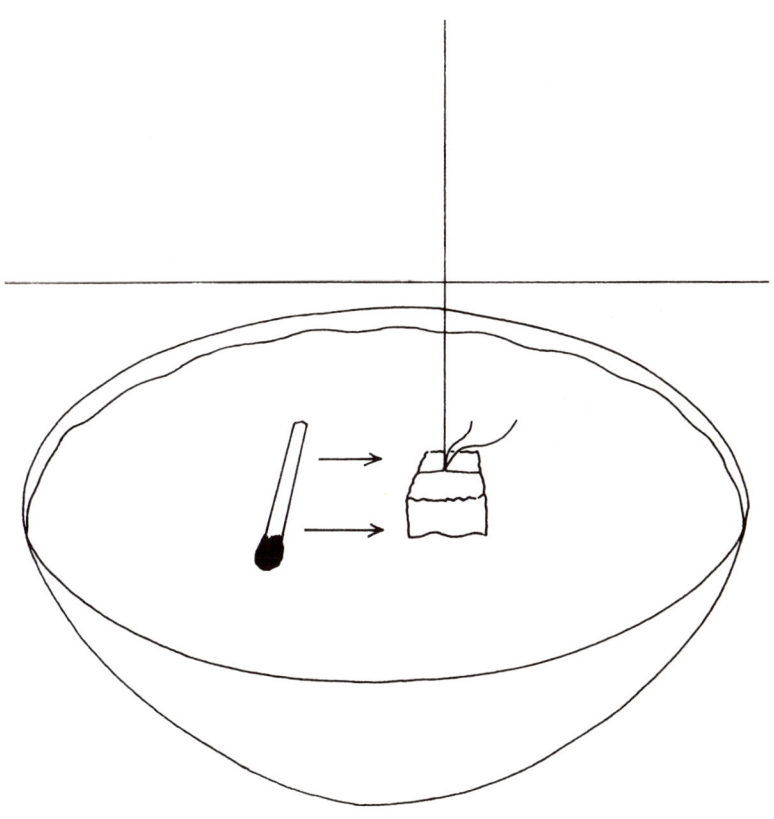

97

Das Unterwasserflugzeug

Viele Modellflugzeuge aus Plastik sind im Verhältnis zur Größe ihrer Flügel zu schwer, um in der Luft fliegen zu können. Sie torkeln sofort zu Boden und werden dabei nicht selten beschädigt. Wir können ein solches Flugzeug aber dennoch fliegen lassen – nämlich unter Wasser. Wir binden einen dünnen Faden an ein solches Plastikflugzeug und tauchen es in einen großen Wasserbehälter, am besten in ein kleines Schwimmbecken. Wenn wir das Flugzeug am Faden vorwärtsziehen, so hat man den Eindruck, daß es im Wasser fliegt. Die Auftriebskraft im Wasser ist viel größer als in der Luft, so daß das vorwärtsgezogene Flugzeug durch das Wasser gleiten kann. Wenn wir nun noch ein farbiges Bild einer Landschaft mit Horizont, Wolken usw. malen und an einer Seite des Wasserbeckens anbringen, gewinnen wir wirklich den Eindruck, ein fliegendes Flugzeug vor uns zu haben.

Wir brauchen:
Modellflugzeug aus Plastik
Dünnen Faden
Wasserbehälter
Zeichenkarton
Farbstifte

Wir lassen ein Plastikflugzeug unter Wasser "fliegen"

Die ausgeblasene Kerzenflamme

Wir zünden eine Kerze an und stellen zwischen die Kerze und unseren Mund eine Flasche, wie es das Bild zeigt. Wenn wir nun kräftig gegen den Flaschenbauch pusten, erlischt die Kerze, obwohl der Luftstrom durch die Flasche behindert ist. Warum? Wenn wir die Flasche kräftig anblasen, entsteht auf deren Rückseite ein Unterdruck, den die umgebende Luft auszugleichen sucht. Durch die dabei entstehende Luftströmung erlischt die Kerze.

Wir brauchen:
Kerze
Kerzenhalter
Streichhölzer
Flasche

*Wir blasen eine hinter einer
   Flasche stehende Kerze aus*

Die stabile Streichholzschachtel

Das leere Schubfach einer Streichholzschachtel legen wir quer und hochkant über die ebenfalls hochkant auf einem stabilen Tisch aufgestellte Hülle der Schachtel, wie es das Bild zeigt. Wir ballen die Hand zur Faust und schlagen kräftig auf die beiden Schachteln. Dabei werden wir feststellen, daß das Streichholz-Schubfach in den meisten Fällen zur Seite geschleudert und dabei nicht beschädigt wird.

Die Schachtel ist in der hochkanten Lage so stabil, weil der von unserem Faustschlag ausgeübte Druck auf die Seitenwände der Schachtel übertragen wird, die ziemlich widerstandsfähig sind.

Wir brauchen:
Streichholzschachtel

Wir legen eine Streichholzschachtel so, daß wir sie nicht zerschlagen können

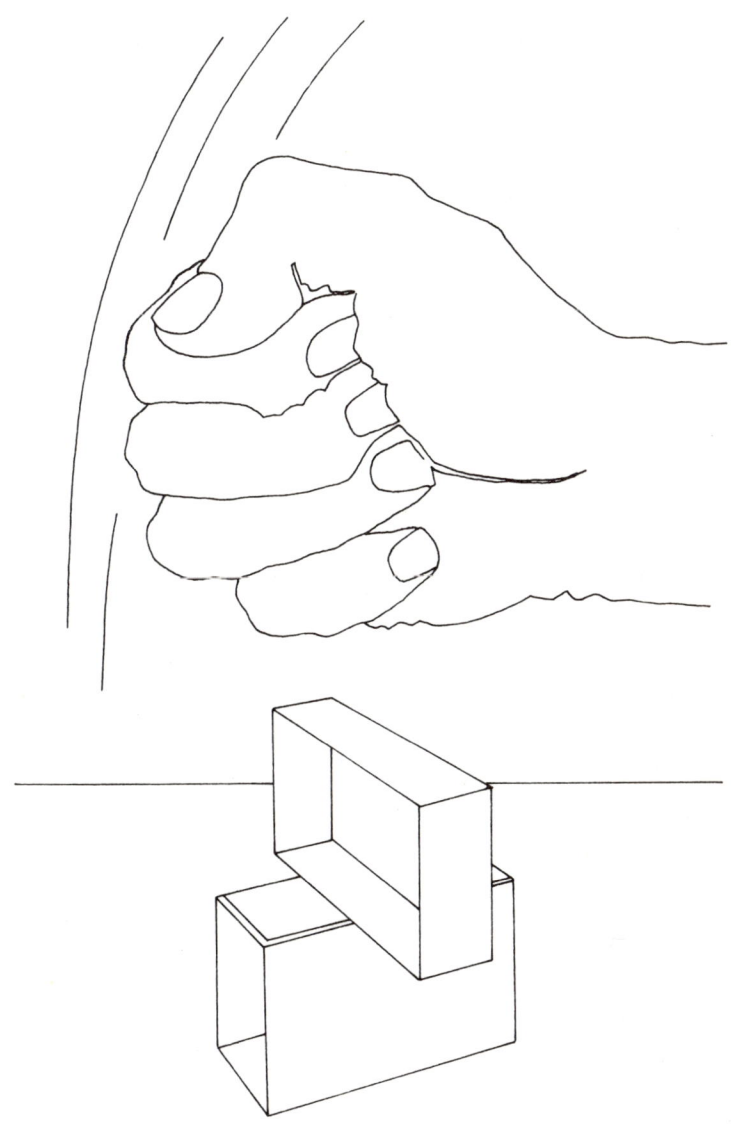

Der Schallwellen-Versuch

Mit einem Büchsenöffner schneiden wir die Böden einer Blechdose (z. B. Büchsenmilch-Dose) aus, wobei keine scharfen Kanten überstehen dürfen, und reinigen die Dose sorgfältig. Dann stülpen wir ein Stück der Hülle eines Luftballons über die eine Dosenöffnung, spannen es so straff wie möglich und befestigen es mit Gummibändern oder Klebstreifen an der Dose. Auf die gespannte Ballonhülle kleben wir, etwas außerhalb der Mitte, ein kleines, etwa 5 mm großes Stückchen eines Spiegels.
Wir stellen uns an einem sonnigen Tag mit der Dose in Fensternähe oder – falls das Wetter gerade nicht mitmacht – in die Nähe einer Tischlampe. Dabei halten wir die Dose so, daß das auf den Spiegel fallende Sonnen- oder Lampenlicht auf einen großen weißen Pappkarton oder eine weiße Wand geworfen wird und dort einen hellen Lichtfleck erzeugt. Wenn wir nun laut in das offene Ende der Dose hineinsprechen oder singen, wird die gespannte Gummimembran und mit ihr das aufgeklebte Spiegelchen durch die Schallwellen ebenfalls in schnelle Schwingungen versetzt. Dadurch schwingt auch der Lichtfleck schnell hin und her.
Ein solches Gerät, das unsichtbare Schwingungen in die sichtbaren Schwingungen eines Lichtflecks umwandelt, nennt man Oszilloskop. Richtige Oszilloskope, die natürlich viel komplizierter aufgebaut sind als unser primitives Gerät, spielen in Naturwissenschaft und Technik eine wichtige Rolle zur Untersuchung von Schwingungen.

Wir basteln ein Oszilloskop, mit dem wir Schallwellen sichtbar machen können

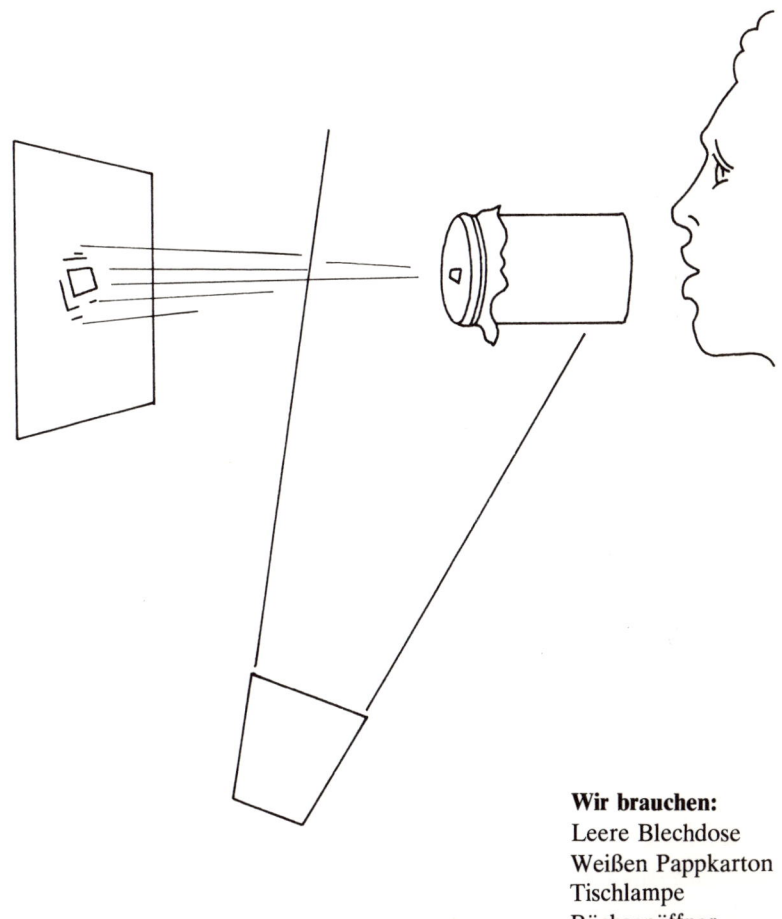

Wir brauchen:
Leere Blechdose
Weißen Pappkarton
Tischlampe
Büchsenöffner
Luftballon
Klebstoff
Kleinen Spiegel
Gummibänder
  oder Klebstreifen

Der Salzwasser-Süßwasser-Versuch

Wir füllen zwei gleich große Gläser voll Wasser, geben in das eine mehrere gehäufte Eßlöffel Salz und rühren kräftig um, bis sich alles Salz im Wasser gelöst hat. In das stumpfe Ende eines langen Bleistifts drücken wir zur Beschwerung einen oder mehrere Reißzwecken, so daß der Bleistift mit der Spitze nach oben im Wasser schwimmen kann, wie es das Bild zeigt. Nun senken wir den Bleistift langsam in das Glas mit dem gewöhnlichen Wasser (A), lassen ihn schwimmen und markieren die Stelle, an der der Bleistift aus dem Wasser herausragt. Denselben Bleistift lassen wir anschließend in dem Glas mit dem Salzwasser schwimmen (B). Dabei bemerken wir, daß der Bleistift nicht so tief in das Salzwasser eintaucht wie in das gewöhnliche (Süß-)Wasser.

Der Grund: Salzwasser hat eine größere Dichte – es ist spezifisch schwerer als normales Wasser. Je größer aber die Dichte oder das spezifische Gewicht einer Flüssigkeit ist, um so größer ist der durch sie erzeugte Auftrieb. Unser auf Reißzwecken aufgespießter Bleistift funktioniert in dem Wasser im Prinzip wie ein sogenanntes Aräometer, ein Meßgerät, mit dem sich die Dichte oder das spezifische Gewicht einer Flüssigkeit bestimmen läßt. Solche Aräometer finden wir z. B. in Tankstellen oder Autoreparaturwerkstätten, wo sie dazu dienen, die Stärke (Dichte) der Schwefelsäure in Autobatterien zu messen.

Ein Bleistift zeigt uns die Eigenschaften von Salz- und Süßwasser

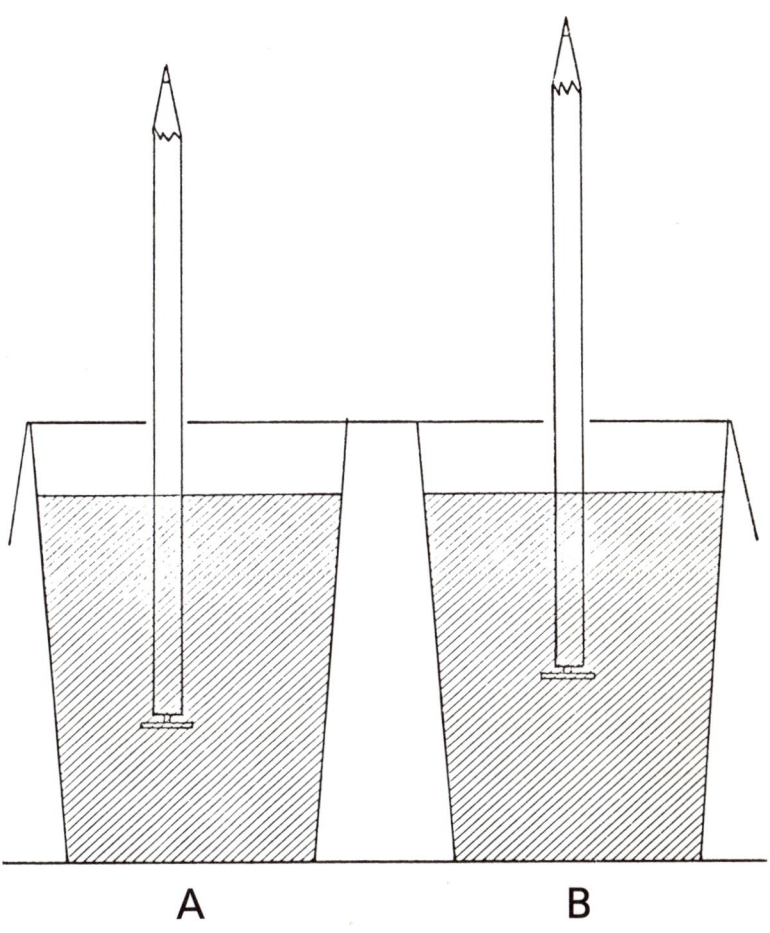

Wir brauchen:	Zwei mit Wasser gefüllte Gläser
	Salz
	Eßlöffel
	Bleistift
	Reißzwecken

Ein Taschentuch als Wasserleitung

Wir tränken ein Taschentuch mit Wasser und legen es über den Rand einer wassergefüllten Schale, so daß es mit einem Zipfel über der Öffnung eines tieferstehenden Glases hängt. Das Wasser in der Schale fließt mit der Zeit – allerdings sehr langsam – durch das Taschentuch in das Glas.
Diese Erscheinung beruht auf der sogenannten Kapillarität des Wassers. In sehr engen Röhrchen steigen benetzende Flüssigkeiten, wie das Wasser, hoch. Die winzigen Zwischenräume zwischen den Stoffasern des Taschentuchs wirken wie enge Kapillarröhrchen und „saugen" daher das Wasser empor. Auch das Aufsteigen von Wasser in den von dünnen Leitungsröhren durchzogenen Pflanzenstengeln wird zum Teil durch Kapillarität verursacht.

Wir brauchen:
Taschentuch
Wasser
Schale
Glas

Wir füllen mit einem Taschentuch Wasser von einer Schale in ein Glas um

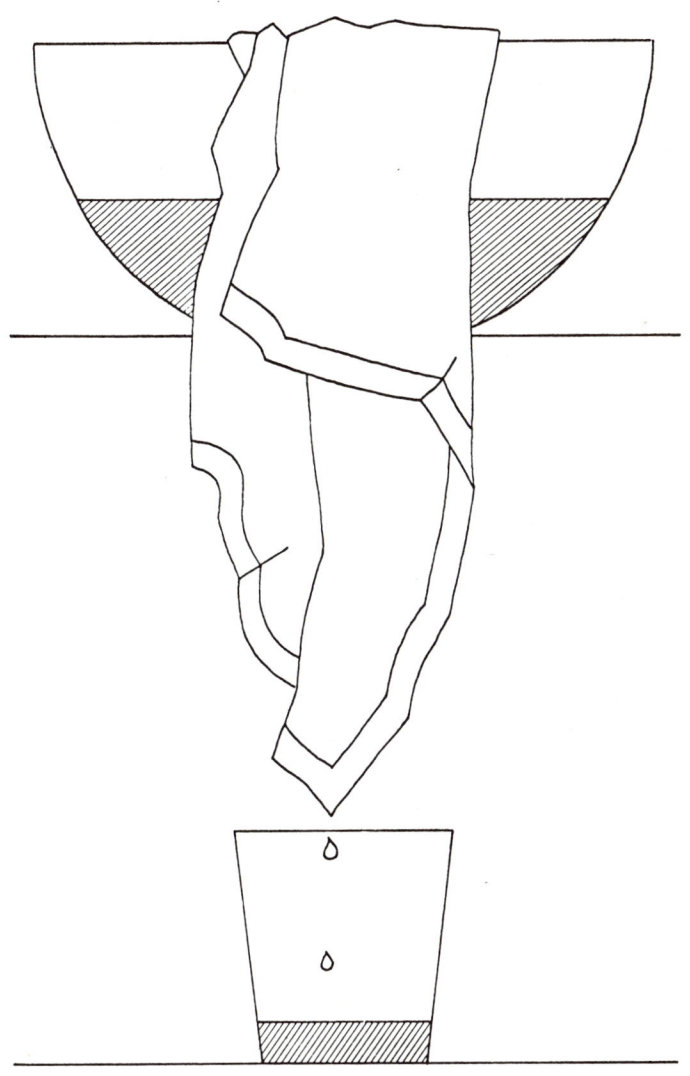

Die Wasserwippe

Wir füllen zwei Papp- oder Plastikbecher mit Wasser und stellen sie so auf die Enden eines über einen runden Bleistift gelegten Lineals, daß diese Wippe ausbalanciert, also im Gleichgewicht ist, wie es das obere Bild zeigt. Wenn wir nun unseren Zeigefinger in einen der Wasserbecher tauchen, neigt sich die Wippe sofort nach dieser Seite, obwohl wir den Becher selbst nicht berührt haben, sondern nur das Wasser.
Dieser Versuch zeigt, daß in wassergefüllte Behälter eintauchende Körper das Gewicht des Behälters erhöhen, und zwar um so viel, wie das Gewicht des vom eintauchenden Körper verdrängten Wassers beträgt.

Wir brauchen:
Zwei gleich große Papp- oder Plastikbecher
Wasserkrug
Lineal
Runden Bleistift

Eine ausbalancierte Wippe neigt sich, ohne daß wir sie berührt haben

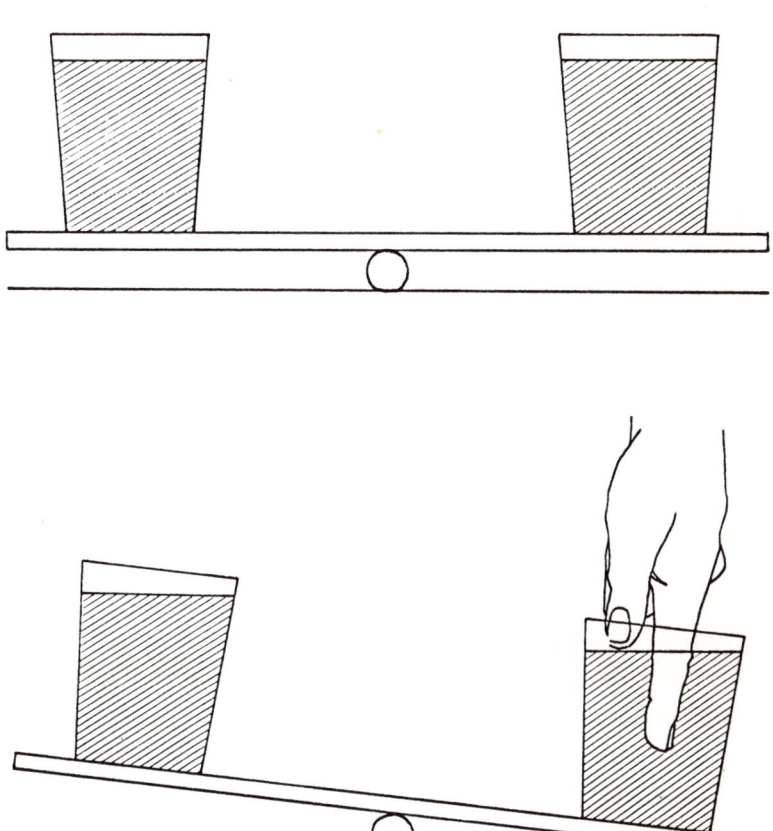

111

Die Gaswaage

Wir befestigen zwei kleine Plastikbeutel an den Enden eines Lineals und legen dieses mit viel Fingerspitzengefühl so auf eine in einen Holzklotz (oder ähnliches) gesteckte Nadel, daß die Wippe ausbalanciert ist. Der folgende Versuch gelingt aber nur, wenn das Lineal auf der Nadel sehr fein gelagert und ausbalanciert ist und sich schon bei der kleinsten Berührung bewegt.
In ein Glas geben wir etwas Essig und Natriumhydrogencarbonat (Natriumbicarbonat). Die Mischung schäumt sofort auf, weil sich durch chemische Reaktion ein Gas bildet. Wir neigen das Glas vorsichtig über einen der Plastikbeutel, achten dabei aber darauf, daß keine Flüssigkeit aus dem Glas herausläuft. Wie von Geisterhand bewegt, neigt sich die Wippe.
Das entstandene aufschäumende Gas ist Kohlendioxid. Da es schwerer als Luft ist, „fließt" es aus dem geneigten Glas nach unten in den Plastikbeutel. Dieser wird dadurch etwas schwerer als der Beutel auf der anderen Seite der Wippe – die Wippe gerät aus dem Gleichgewicht.

Wir brauchen: Ein langes Lineal
Nadel mit großem Kopf
Zwei kleine Plastikbeutel
Klebstoff
Glas
Natriumhydrogencarbonat (Natriumbicarbonat)
Essig
Holzklotz

Wir zeigen, daß Kohlendioxid schwerer ist als Luft

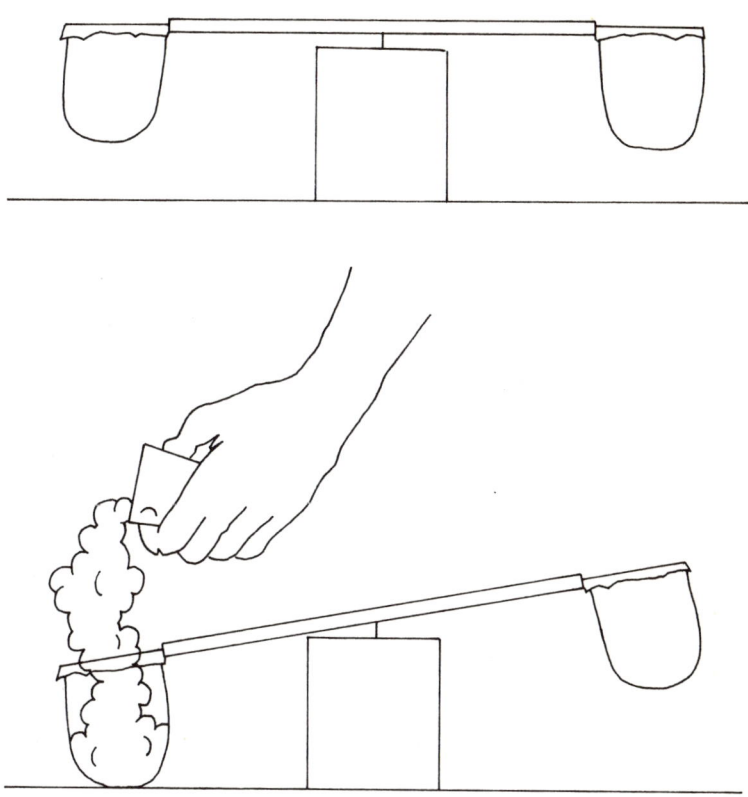

Das unzerbrechliche Streichholz

Wir halten ein Streichholz so zwischen Zeige-, Mittel- und Ringfinger, wie es das Bild zeigt. Nun versuchen wir, das Streichholz allein mit der Kraft unserer Finger zu zerbrechen, wobei wir aber die Hand nicht auf einem Tisch aufstützen und auch die Finger nicht krumm, sondern kerzengerade halten. Es wird uns auf diese Weise nicht gelingen, das Streichholz zu zerbrechen. Warum?
Die Muskeln und Knochen unserer Hand haben eine ähnliche Wirkung wie ein Hebel. Liegt das Streichholz so zwischen den Fingern wie in unserem Versuch, so reicht die Hebelwirkung unserer Finger trotz großer Muskelanstrengung nicht aus, um das Streichholz zu ,,knacken".

Wir brauchen:
Streichhölzer

Wir halten ein Streichholz so,
daß es nicht zerbrochen werden kann

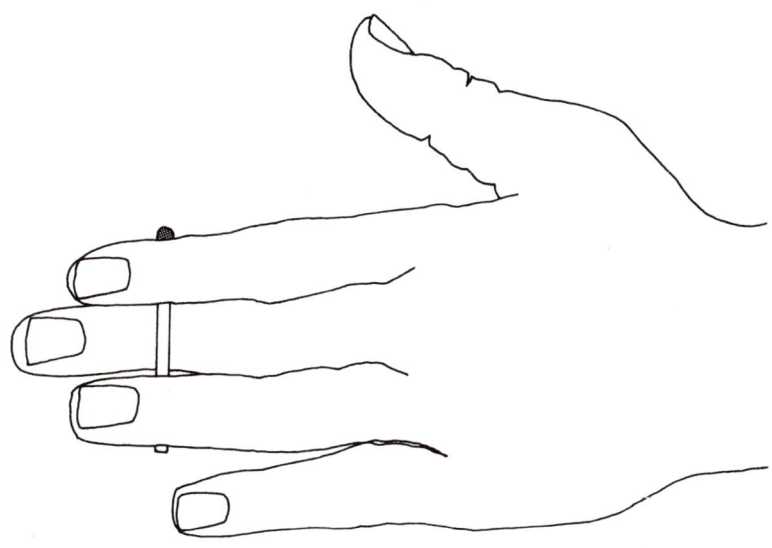

Der Papierfächer

Wir legen einen Stapel von DIN-A4-Papier so auf einen Tisch, daß die Blätter haargenau übereinanderliegen, wie es das erste Bild zeigt. Mit dem oberen Knöchel unseres Zeigefingers drücken wir nun auf die Mitte des obersten Blatts und führen mit der Hand kleine kreisförmige Bewegungen aus. Dabei beobachten wir, daß die Blätter sich nach und nach regelmäßig gegeneinander verschieben und schließlich eine Art Fächer bilden, wie es das zweite Bild demonstriert.

Dieser Versuch zeigt, daß der auf das oberste Blatt ausgeübte Druck gleichmäßig durch den Stapel bis zum untersten Blatt übertragen wird.

Wir brauchen:
Stapel von DIN-A4-Papier

Wir verwandeln einen Papierstoß in einen Fächer

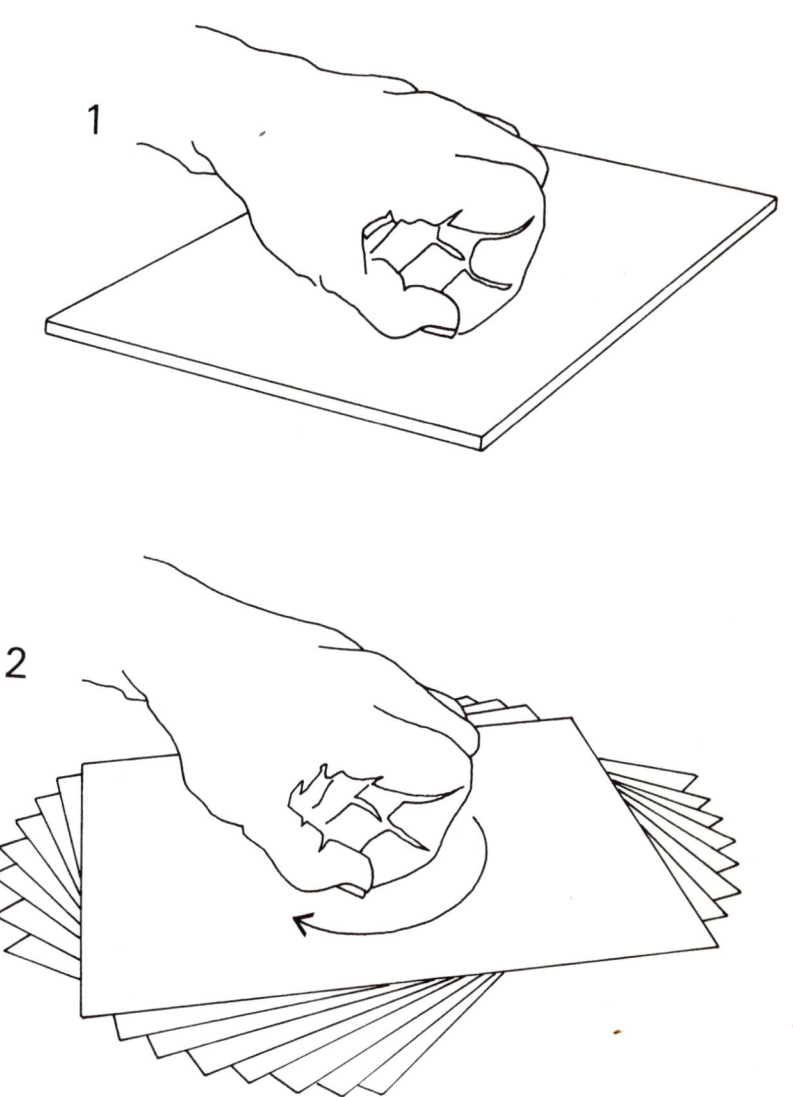

Die Blasen-Malerei

Aus Spülmittel und Wasser stellen wir uns eine seifige Mischung her und schlagen diese in einer Schüssel mit einem Schneebesen oder einem elektrischen Rührmix so lange durch, bis die Mischung aus lauter dicken und fast steifen Seifenbläschen besteht. Diese Mischung verteilen wir in verschiedene Schälchen oder Untertassen und färben die Mischungen mit Hilfe von Farbpulver mit verschiedenen Farben, wobei wir das Farbpulver sorgfältig in die Mischungen einrühren.
Die verschieden gefärbten Mischungen verstreichen wir nun mit unseren Fingern oder einem Pinsel auf Zeichenkarton und malen auf diese Weise nach unserer Phantasie farbige Bilder. Nach dem Antrocknen fühlen sich die Bilder durch die eingetrockneten Seifenbläschen auf der Oberfläche ähnlich rauh wie Sandpapier an.

Wir brauchen:
Spülmittel
Rührschüssel
Schneebesen oder elektrisches Rührgerät
Mehrere Schälchen oder Untertassen
Farbpulver
Pinsel
Zeichenkarton

Wir malen mit Seifenblasen Bilder

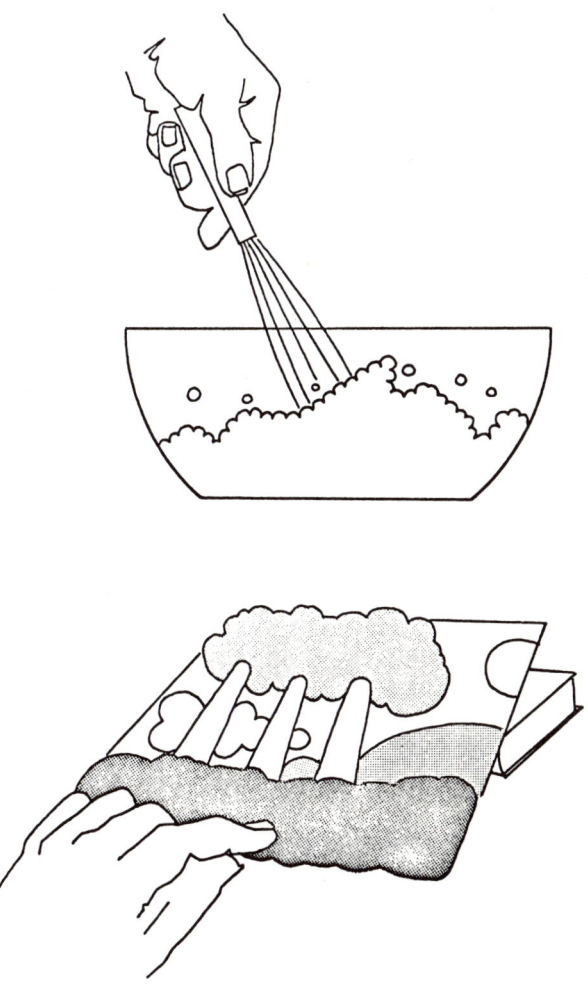

Der umgekehrte Pfeil

Auf ein Stück Zeichenkarton malen wir einen dicken Pfeil. Wenn wir nun vor den aufgestellten Zeichenkarton ein Glas Wasser stellen und durch das Wasser hindurch auf den Pfeil blicken, stellen wir zu unserer Verwunderung fest, daß der Pfeil jetzt in die entgegengesetzte Richtung weist. Schuld daran sind das Glas und das Wasser, die beide wie eine Linse wirken und das hinter ihnen stehende Bild, den Pfeil, umkehren.

Dieser Versuch gelingt meist erst nach einigem Probieren, wozu wir verschiedene Gläser nehmen und von verschiedenen Richtungen her durch das Glas auf den Pfeil blicken.

Wir brauchen:
Stück Zeichenkarton
Bleistift oder Malstift
Glas Wasser

Wir drehen einen Pfeil um, ohne ihn zu berühren

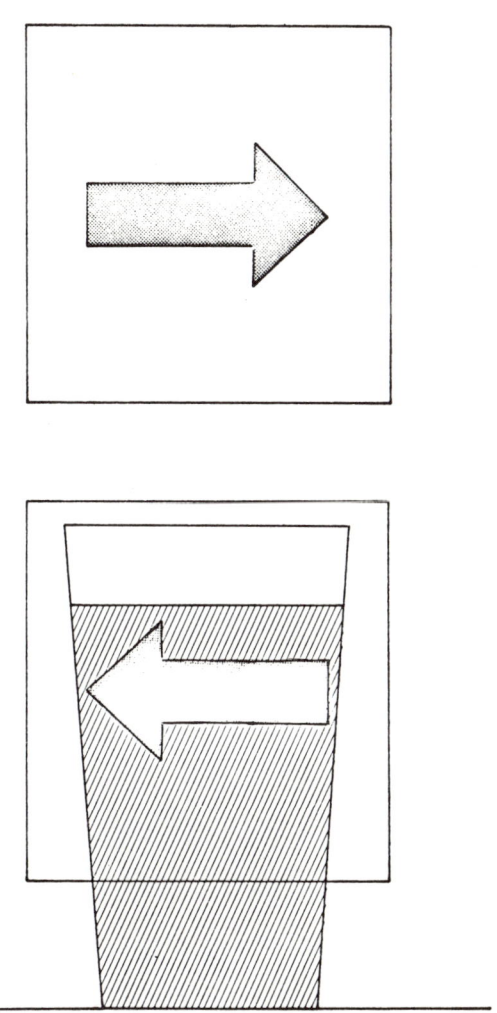

Die Kopiermischung

Wir vermischen vier Teile Wasser mit einem Teil Terpentin und geben ein Seifenstückchen hinzu. Das Ganze verrühren wir kräftig, bis die Seife sich ganz gelöst hat. Einen Teil der Mischung verstreichen wir über einem Zeitungsbild, bis dieses gleichmäßig durchfeuchtet ist. Dann legen wir ein Blatt weißes Papier auf das Bild und reiben mit der bauchigen Seite eines großen Löffels kräftig über alle Stellen des das Zeitungsbild bedeckenden Papiers, wie es das erste Bild zeigt. Wenn wir mit dem Löffel einen genügend starken Druck auf das Papier ausüben, löst das Terpentin unserer Kopiermischung einen Teil der Druckerschwärze auf dem Zeitungspapier, so daß wir eine (spiegelverkehrte) Kopie des Zeitungsbildes auf dem darüberliegenden Blatt Papier erhalten.

Wir brauchen:
Wasserkrug
Kleine Rührschüssel
Terpentin
Seifenstückchen
Zeitungsbild
Blatt weißes Papier
Großen Löffel

Wir kopieren Zeitungsbilder mit einer Terpentin-Seifen-Mischung

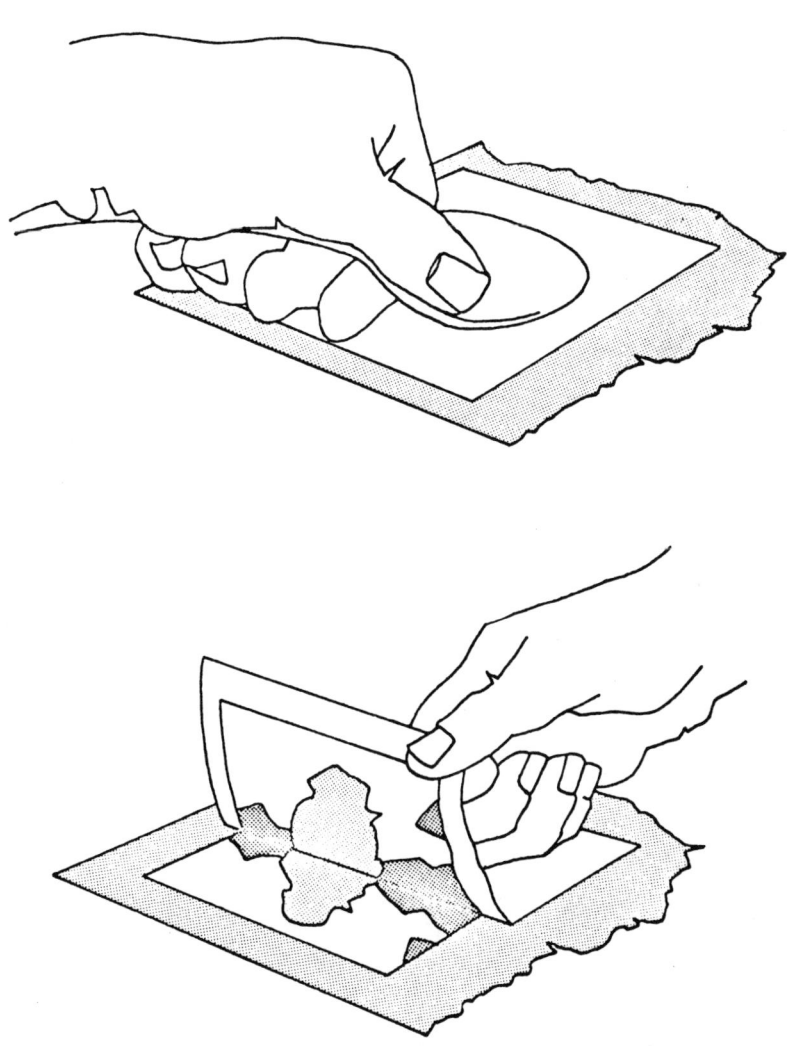

Wasser hilft tragen

Um den oberen Rand einer gefüllten Konservendose legen wir einen dünnen Faden, ziehen ihn fest an und verknoten ihn so, daß an zwei gegenüberliegenden Seiten zwei Fadenenden überstehen, an denen wir die Dose anheben können.
Der Faden sollte so schwach sein, daß er das Gewicht der Konservendose nicht halten kann und beim Versuch, diese hochzuheben, reißt. Ist der Faden zu stark, so versuchen wir es mit einem schwächeren Faden oder einer schwereren Konservendose, so daß es unmöglich ist, die Dose am Faden hochzuziehen.
Wir stellen die an dem zu schwachen Faden angebundene Konservendose in eine mit Wasser gefüllte Schüssel und versuchen nun wiederum, sie am Faden hochzuziehen. Wenn wir den Faden vorsichtig und langsam hochziehen, wird es uns gelingen, die Dose im Wasser mindestens um einige Zentimeter anzuheben, ohne daß der Faden reißt.
Dieser Versuch zeigt uns, daß die Konservendose im Wasser etwas leichter geworden ist. Jeder feste Körper, der in Wasser eintaucht, verliert soviel Gewicht, wie die von ihm verdrängte Wassermenge wiegt. Der Körper erfährt im Wasser eine Auftriebskraft, eine Erscheinung, die „Archimedisches Prinzip" genannt wird. Daher können wir die an dem schwachen Faden aufgehängte Dose im Wasser ein wenig hochheben. Ragt die Dose beim Hochziehen schließlich über die Wasseroberfläche hinaus, so kommt an irgendeiner Stelle der Moment, wo

Wir heben mit einem dünnen Faden eine schwere Konservendose hoch

Wir brauchen:
Konservendose
Dünnen Faden
Wasserschüssel

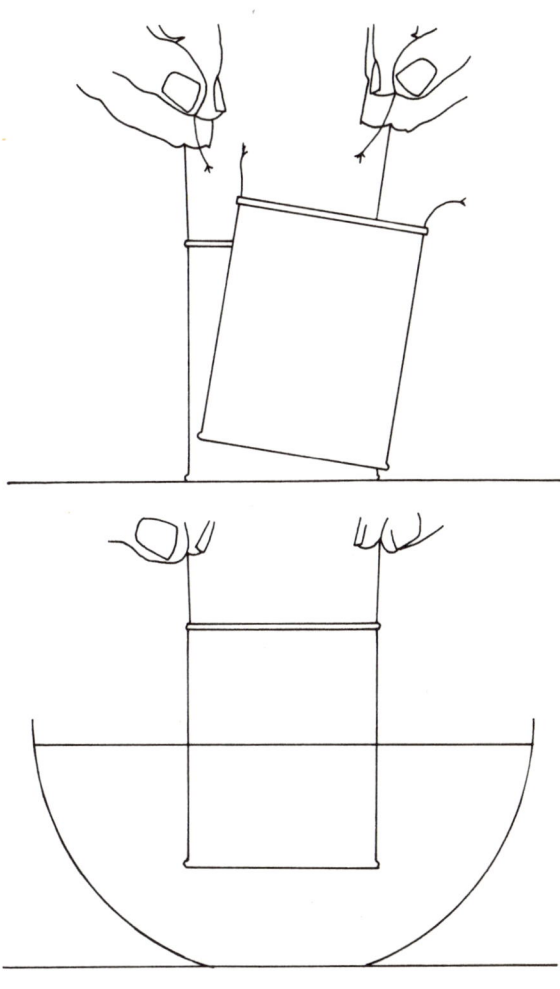

nicht mehr genügend Wasser verdrängt wird und das Gewicht der Dose die Tragfähigkeit des Fadens übersteigt: der Faden reißt.

Der Eiertest

Wir schütten 2 Liter kaltes Wasser in eine Glasschüssel und lösen darin 5 gehäufte Teelöffel Salz. Dann geben wir einige rohe Eier vorsichtig in das Wasser. Ein frisches, höchstens drei Tage altes Ei (c) wird langsam auf den Boden der Schüssel sinken. Ein nicht mehr ganz frisches Ei (b) wird unter der Wasseroberfläche schweben. Ein gänzlich verdorbenes Ei (a) verrät sich dadurch, daß es an der Wasseroberfläche schwimmt.

Wir brauchen:
Große Glasschüssel
Salz
Teelöffel
Kaltes Wasser

*Wir prüfen die Güte von Eiern,
ohne sie zu zerbrechen*

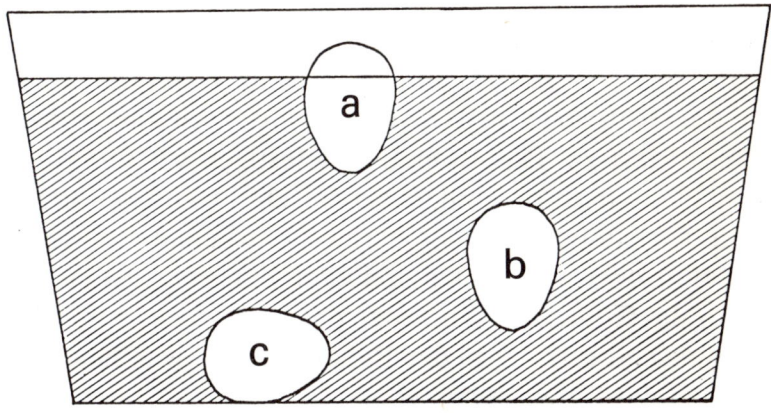

Das Dampfboot

In den Schraubverschlußdeckel eines Tablettenröhrchens aus Blech bohren wir ein kleines Loch. Dann füllen wir in das Röhrchen heißes Wasser und schrauben den Deckel fest zu. Das Röhrchen befestigen wir mit Hilfe von Pfeifenreinigern oder dickem Draht und wasserfestem Klebstoff so in einer leeren Ölsardinendose, wie es das Bild zeigt, und stellen drei oder vier Kerzenstummel unter das Röhrchen. Wir lassen das Boot in einer breiten Wasserschüssel oder in der Badewanne schwimmen und zünden die Kerzenstummel an.
Nach kurzer Zeit beginnt das Wasser im Röhrchen zu kochen. Es bildet sich Wasserdampf, der als feiner Strahl durch das Loch im Röhrchen entweicht und unser Boot antreibt.
Der beim Kochen des Wassers gebildete Dampf dehnt sich stark aus und strömt daher unter hohem Druck aus dem kleinen Loch. Dieser Dampfstrahl wirkt wie der „Feuerstrahl" einer Rakete und treibt das Boot durch die Wirkung des Rückstoßes in die entgegengesetzte Richtung.

Wir brauchen:
Tablettenröhrchen aus Blech
Kleinen Bohrer
Ölsardinenbüchse
Pfeifenreiniger oder Draht
Wasserfesten Klebstoff

Heißes Wasser
Drei oder vier Kerzenstummel
Streichhölzer
Große Wasserschüssel

Wir basteln ein kleines Dampfboot

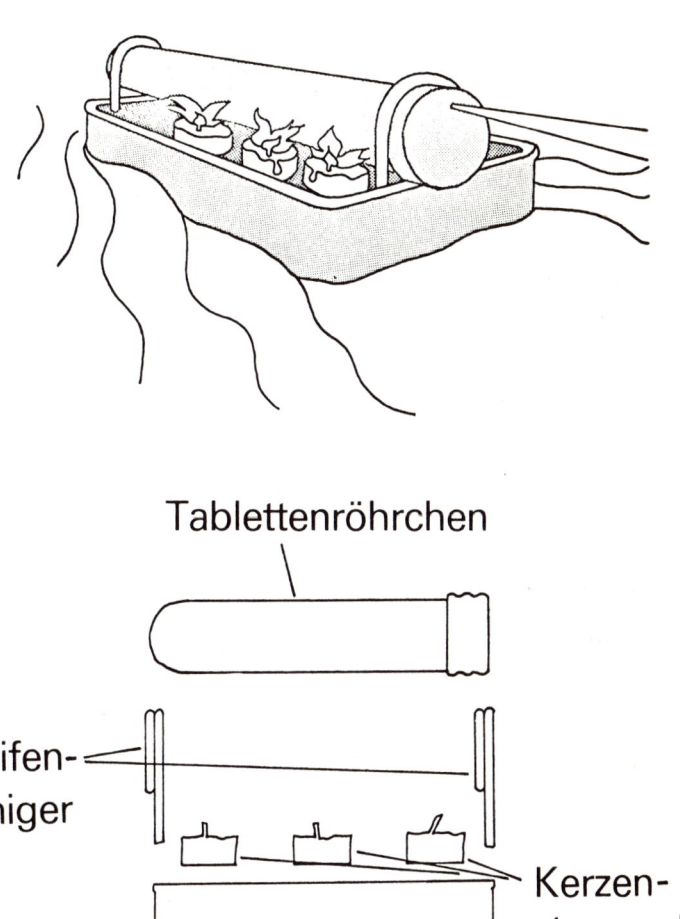

Eine Kerze als Wasserpumpe

Wir zünden eine Kerze an, lassen einige Wachstropfen in die Mitte einer Untertasse fallen und drücken die Kerze schnell in die flüssige Wachsmasse, so daß sie fest auf der Untertasse steht. In die Untertasse geben wir etwas Wasser und stülpen dann eine Flasche mit weitem Hals über die brennende Kerze, wie es das Bild zeigt.
Die Kerzenflamme verbraucht den Sauerstoff der in der Flasche enthaltenen Luft und geht schließlich aus. Durch das Aufzehren des Sauerstoffs erniedrigt sich der Luftdruck in der Flasche, und der (größere) äußere Luftdruck drückt einen Teil des Wassers in der Untertasse in die Flasche hoch.

Wir brauchen:
Kerze
Flasche mit weitem Hals
Streichhölzer
Untertasse
Wasser

Wir pumpen mit einer Kerze Wasser hoch

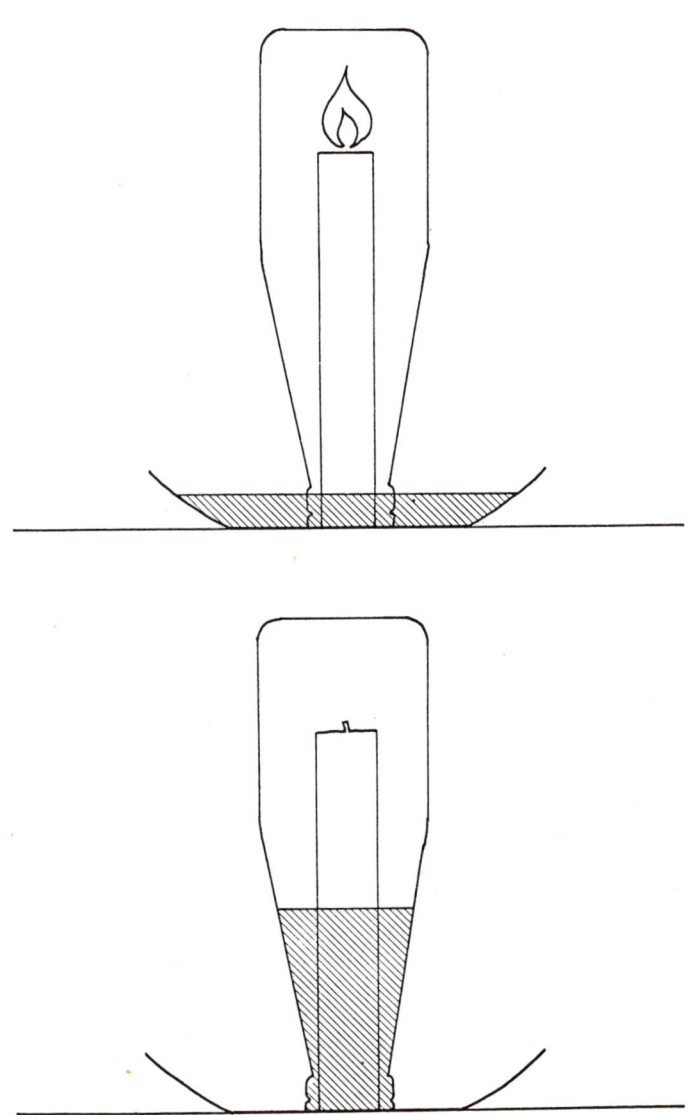

Die Ballonwippe

Wir blasen zwei Luftballons zu gleicher Größe auf und befestigen sie so an den Enden des Waagebalkens einer Wippe oder Waage, daß diese genau ausbalanciert ist, also im Gleichgewicht ist. Einen der Ballons bringen wir nun zum Platzen (ohne ihn zu berühren), indem wir kurz ein brennendes Streichholz in seine Nähe halten. Die Wippe neigt sich sofort nach dem Platzen des Ballons zur anderen Seite. Diese Beobachtung zeigt uns, daß Luft ein Gewicht hat.

Wichtig: Dieser Versuch ist nicht ganz ungefährlich: Wir müssen sehr vorsichtig sein, wenn wir den Ballon mit dem brennenden Streichholz zum Platzen bringen und dürfen das Streichholz nur ganz kurz an den Ballon halten, damit die Ballonhülle nicht Feuer fängt.

Wir brauchen:
Zwei gleich große Luftballons
Wippe oder Waage
   (z. B. aus einem langen Lineal
   und einem dreieckigen
   Holzklötzchen gebastelt)
Streichhölzer

Wir zeigen, daß Luft ein Gewicht hat

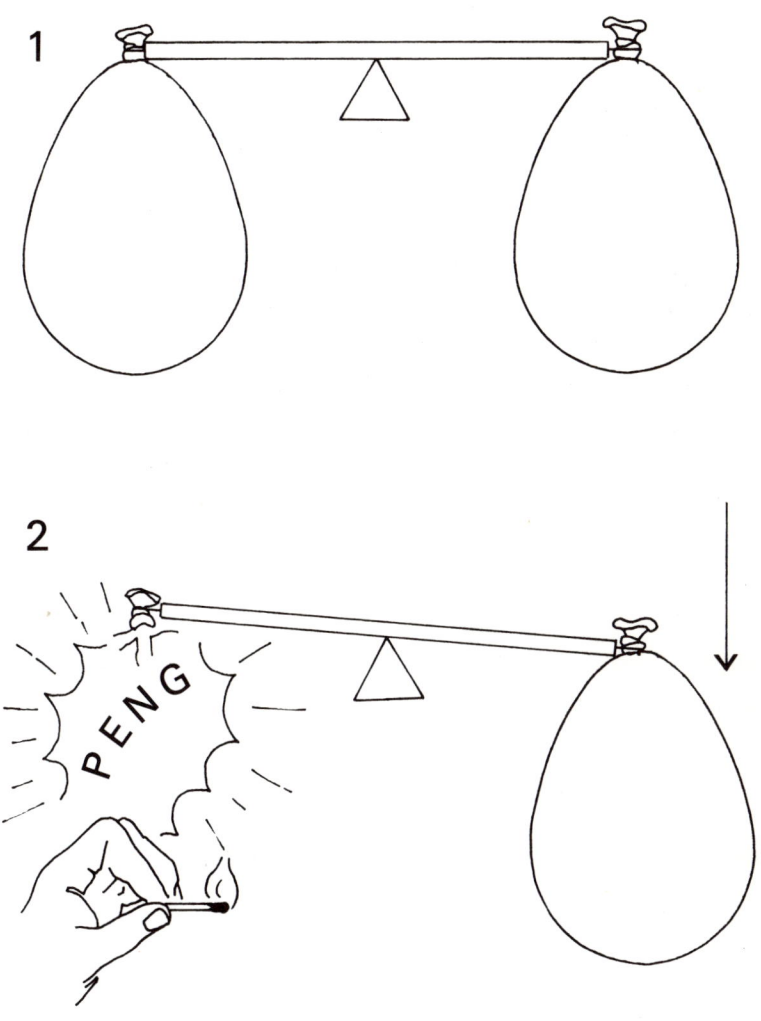

Der entflammbare Kerzenrauch

Wir zünden eine Kerze an und lassen sie einige Minuten lang brennen. Dann blasen wir sie aus und halten schnell ein brennendes Streichholz in 3 bis 5 cm Entfernung vom Docht in den weißen Rauch, der von der Kerze aufsteigt. Dabei machen wir die erstaunliche Beobachtung, daß von der Streichholzflamme ein kleines Flämmchen längs des weißen Rauchs zum Docht überschlägt und die Kerze wieder anzündet. Warum?

Nach dem Ausblasen der Kerzenflamme ist das Kerzenwachs (Stearin) noch so heiß, daß es weiterhin für kurze Zeit verdampft. Der gebildete Dampf (der aufsteigende weiße Rauch) ist brennbar und läßt sich daher mit der Streichholzflamme anzünden.

Stearin ist eine weiße fettige Masse und findet sich z. B. in Talg und vielen tierischen Fetten. Es wird zur Herstellung von Kerzen benutzt.

Dieser Versuch zeigt auch, daß feste Stoffe (wie die Kerze) an der Oberfläche erst in Gasform übergehen müssen, um an der Luft brennen zu können.

Wir brauchen:
Kerze
Kerzenhalter
Streichhölzer

Wir zünden eine Kerze am Kerzenrauch an

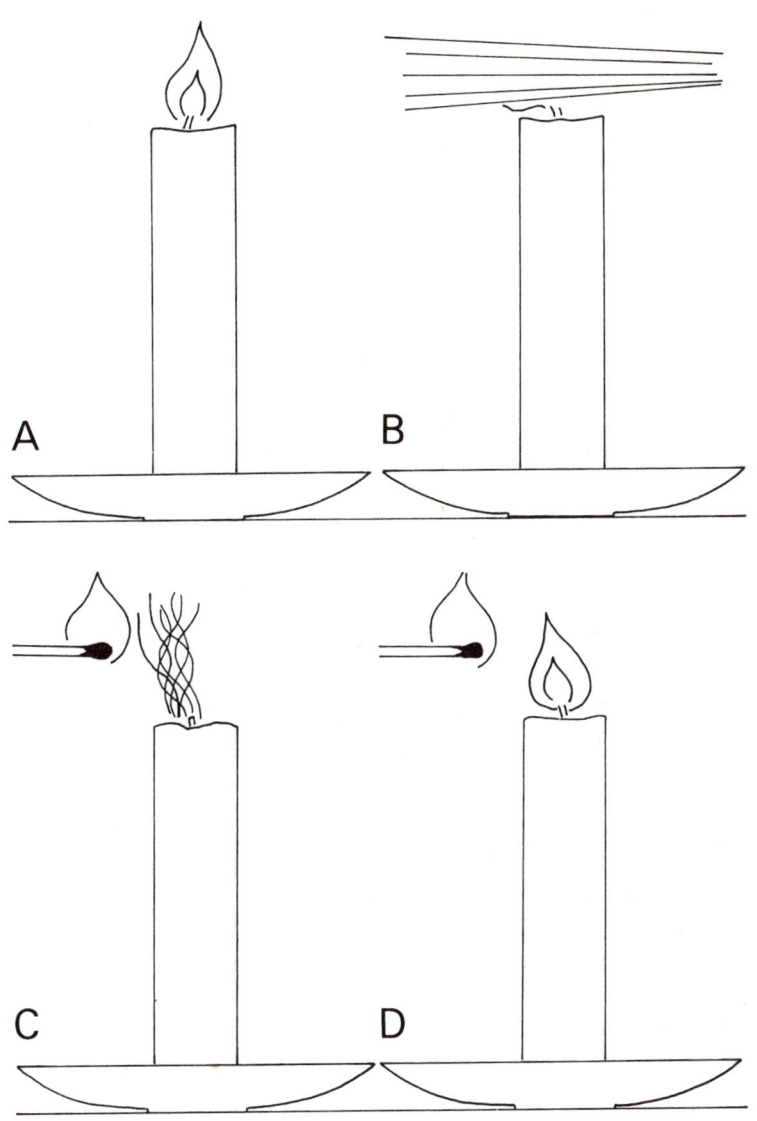

Die schwebende Flasche

In eine breite Flasche mit weitem Hals füllen wir Sand bis zu einer Höhe von etwa 1 cm. Durch den Flaschenstopfen führen wir einen U-förmig und einen S-förmig gebogenen Schlauch (A und B im Bild) und dichten die Durchstoßlöcher wasserdicht ab. Die mit den beiden Schläuchen versehene Flasche geben wir in einen durchsichtigen Wasserbehälter. Der den Flaschenboden bedeckende Sand sorgt dafür, daß die Flasche aufrecht im Wasser schwebt.
Wenn wir nun kräftig an dem über den Rand des Wasserbehälters ragenden Schlauch B saugen, wird die Flasche sinken. Da der Luftdruck in der Flasche durch unser Saugen erniedrigt wird, strömt etwas Wasser durch den Schlauch A in die Flasche. Wollen wir umgekehrt die Flasche aufsteigen lassen, so blasen wir kräftig in den Schlauch B. Dabei wird ein Teil des Wassers wieder durch den Schlauch A aus der Flasche herausgepreßt.
Die Schwebehöhe der Flasche läßt sich also durch Saugen oder Blasen durch den Schlauch B verändern.

Wir brauchen:
Breite Flasche mit weitem Hals und Stopfen
Sand
U-förmig und S-förmig gebogene Schläuche
Abdichtmasse (Plastilin, Knetmasse)
Wasserbehälter
Bohrer

Wir heben oder senken eine im Wasser schwebende Flasche

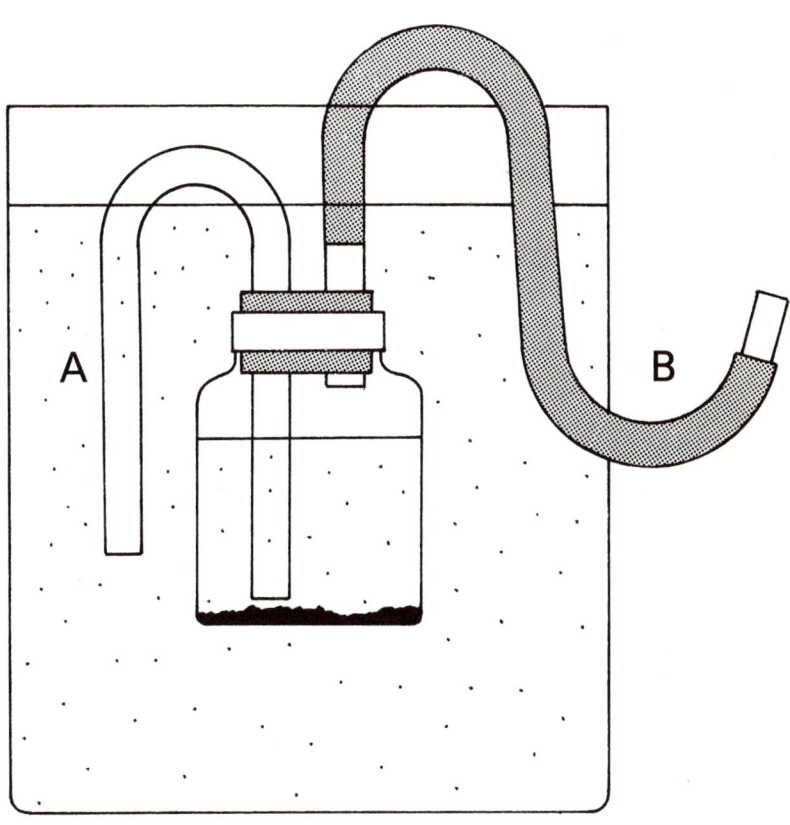

Das marmorierte Papier

In ein großes, flaches Backblech füllen wir etwas Wasser, verdünnen ein wenig Ölfarbe mit Terpentin und breiten sie in dünner Schicht über der Wasseroberfläche aus. Mit einem Bleistift oder Pinsel verteilen wir die Farbe so, daß sie ein hübsches Muster bildet. Dann ziehen wir ein weißes Blatt Papier über die farbige Wasseroberfläche und heben es vorsichtig wieder hoch. Dabei bleibt ein Teil der Ölfarbe an dem Papier haften und verleiht ihm ein geschecktes, marmoriertes Aussehen.

Wir brauchen:
Wasserkrug
Großes, flaches Backblech
Ölfarben
Terpentin
Bleistift oder Pinsel
Schreibpapier

Wir stellen mit Ölfarbe marmoriertes Papier her

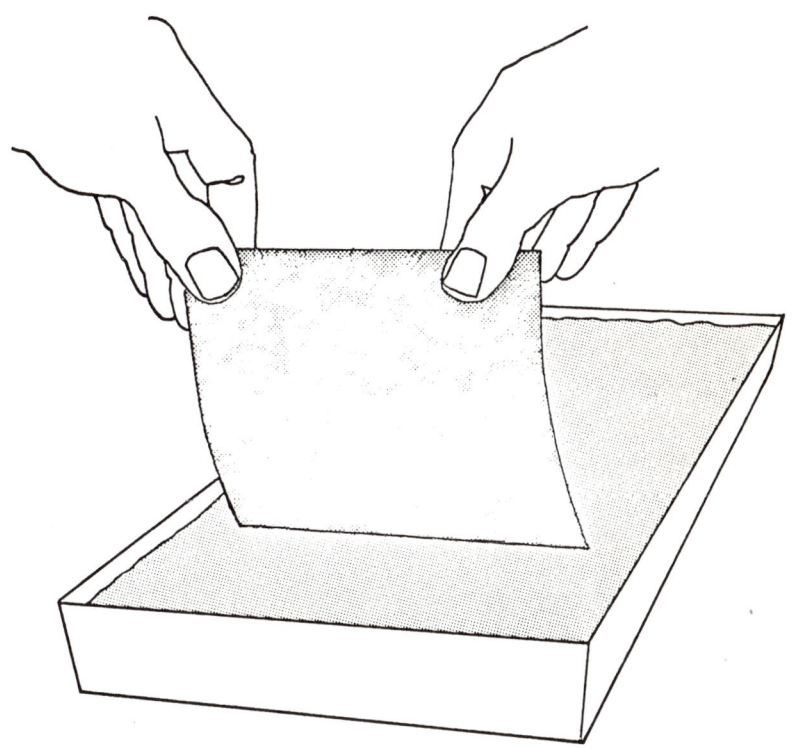

Der Lautsprecher

In dem Boden eines Pappbechers befestigen wir eine lange spitze Nadel, wie es das Bild zeigt. Wir lassen eine (am besten alte!) Musik-Schallplatte auf dem Plattenteller laufen, stellen den Ton ab und führen die in dem Pappbecher steckende Nadel vorsichtig und mit nur ganz leichtem Druck in die Schallplattenrille ein. Zu unserem Erstaunen erklingt aus dem Pappbecher Musik.

Die Nadel wird beim Laufen in der Schallplattenrille in winzige Schwingungen versetzt und überträgt diese auf den Pappbecher, der dabei wie ein Lautsprecher wirkt und durch Verstärkung der Schwingungen die auf der Schallplatte aufgenommene Musik hörbar macht.

Wir brauchen:
Lange, spitze Nadel
Pappbecher
Alte Schallplatte
Plattenspieler

Wir basteln aus einem Pappbecher einen Lautsprecher

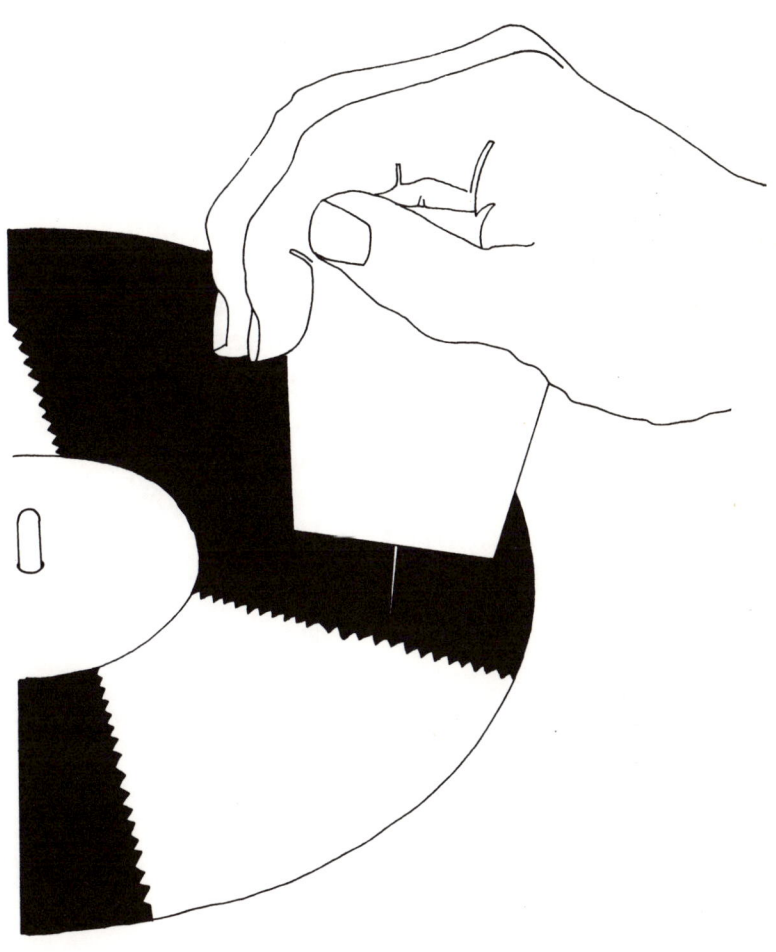

Die balancierenden Magnete

In zwei leere Streichholzschachteln stecken wir jeweils einen kleinen Magneten und versuchen, sie gegenseitig auszubalancieren, wie es das erste Bild zeigt. Aus dem zweiten Bild ersehen wir, wie wir dabei vorgehen müssen. Damit der Versuch klappt, müssen sich jeweils zwei gleichnamige Pole (also N = Nordpol oder S = Südpol) gegenüberstehen. Im Bild stehen sich oben beide Nordpole gegenüber. Weil sich gleichnamige Pole gegenseitig abstoßen, fallen die beiden Magnete in dieser Lage nicht gegeneinander, sondern halten sich schräg in der Waage. Drehen wir aber einen der Magnete um, so daß sich jetzt ungleichnamige Pole (also Nordpol und Südpol) gegenüberstehen, ziehen sich die Magnete sofort an und haften aneinander, weil sich ungleichnamige Pole anziehen.

Wir brauchen:
Zwei Streichholzschachteln
Zwei kleine Stabmagnete

Zwei Magnete stoßen sich gegenseitig ab

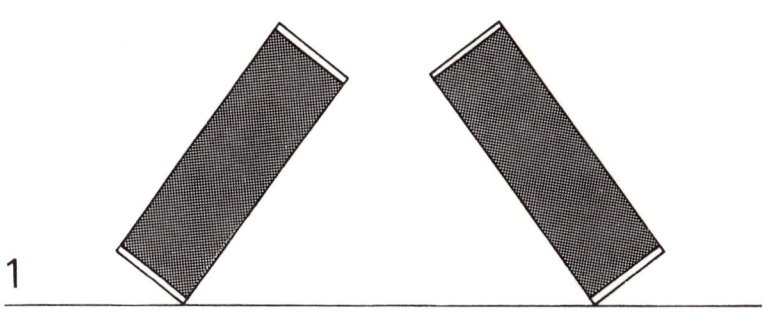

1

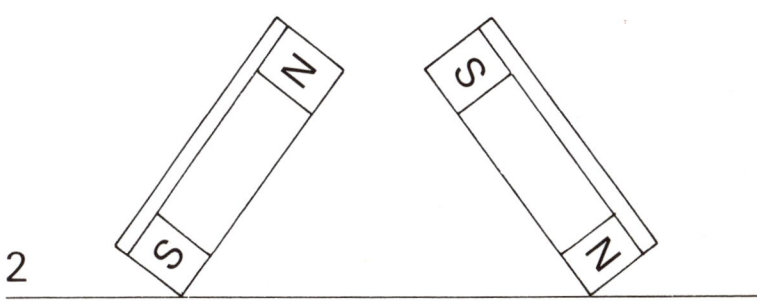

2

Die hohle Kerze

In den Boden einer Kerze stecken wir einen Nagel oder eine Schraube, so daß wir die Kerze aufrecht in einem Glas Wasser schwimmen lassen können. Dabei müssen wir darauf achten, daß ein kleiner Teil der Kerze aus dem Wasser herausragt. Wir zünden die schwimmende Kerze an. Nach einiger Zeit bemerken wir, daß die Kerze trichterförmig abbrennt: Das Kerzenwachs wird an der Außenseite durch das umgebende Wasser kühl gehalten, so daß es dort nicht schmilzt.

Wir brauchen:
Kerze
Nagel oder Schraube
Glas Wasser
Streichhölzer

Wir lassen eine Kerze trichterförmig abbrennen

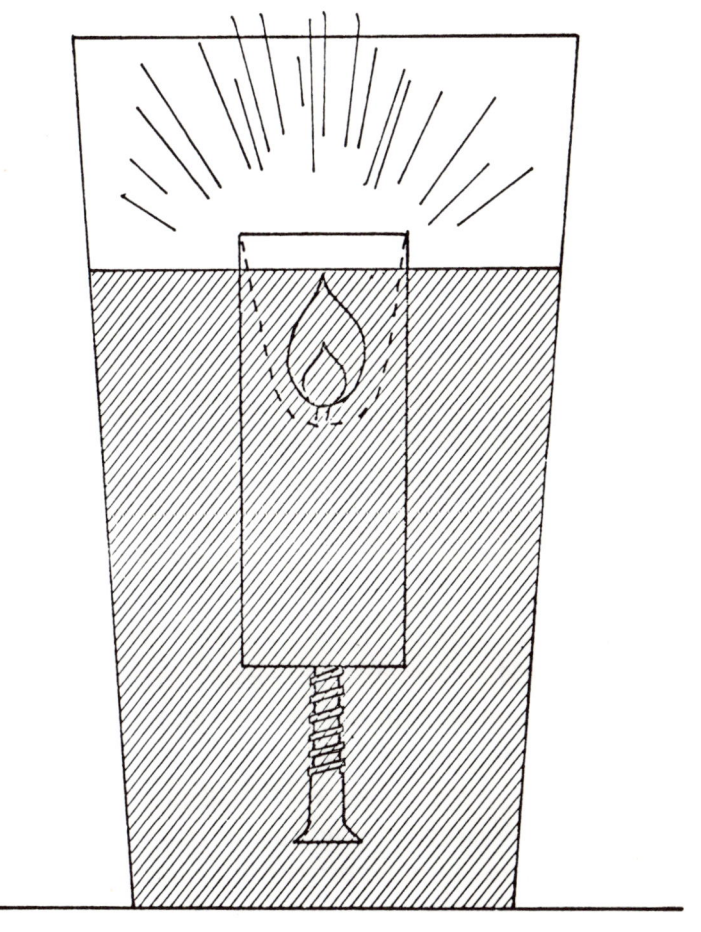

Wie naß ist Wasser?

Wer glaubt schon, daß man Wasser nasser machen kann – aber es ist tatsächlich möglich. Manche Stoffe, vor allem fettige, ölige Substanzen, haben eine wasserabstoßende Wirkung. Das Wasser perlt an ihnen ab (z. B. am Rückengefieder einer Ente) und kann die mit diesen Substanzen „imprägnierten" Stoffe nicht durchfeuchten. Das Wasser ist hierfür nicht „naß" genug.
Machen wir einen Versuch:
Wir füllen ein Glas voll Wasser und geben eine geringe Menge fein gepulverten Schwefel auf die Wasseroberfläche. Obwohl Schwefel spezifisch schwerer ist als Wasser, sinkt er nicht herunter, weil gewöhnliches Wasser nicht „naß" genug ist, um den Schwefel zu durchfeuchten.
Nun geben wir einige Tropfen eines Wasserentspannungsmittels oder Netzmittels, wie es z. B. in Spülmitteln enthalten ist, auf das an der Wasseroberfläche schwimmende Schwefelpulver. Dieses Netzmittel macht das Wasser nasser, indem es seine Oberflächenspannung erniedrigt. Das Wasser vermag nun in feinste Ritzen und Poren des Schwefelpulvers einzudringen, umgibt die Schwefelteilchen allseitig und bringt sie schließlich zum Sinken.
Dieser Versuch zeigt uns, daß sich die Eigenschaft von Wasser, „naß" zu sein und Stoffe lösen und durchfeuchten zu können, durch Zugabe von bestimmten

Wir machen Wasser nasser

Stoffen verändern läßt. Auch die Zugabe von Waschmitteln in der Waschmaschine oder von Spülmitteln beim Abwaschen hat die gleiche Wirkung: Schmutzstoffe besser lösen zu können und die Benetzungsfähigkeit von Wasser zu verbessern.

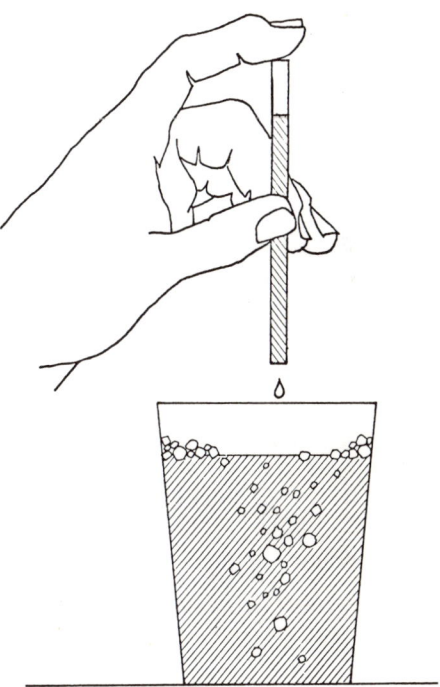

Wir brauchen:
Glas Wasser
Schwefelpulver
Netzmittel
   (Wasserentspannungsmittel)

Der schwimmende Eiswürfel

Wir geben einen Eiswürfel (z. B. aus dem Tiefkühlfach eines Eisschranks) in ein Glas und füllen dieses bis zum äußersten Rand voll Wasser. Der Eiswürfel schwimmt genauso an der Wasseroberfläche wie die großen Eisberge in den Polargebieten. Wenn Wasser gefriert, erhöht es sein Volumen um etwa ein Elftel. Dadurch wird es spezifisch leichter als (flüssiges) Wasser und treibt als Eis an der Wasseroberfläche. Dabei befindet sich aber der größte Teil des Eiswürfels oder Eisbergs unter der Wasseroberfläche; nur die Spitze ragt aus dem Wasser.
Wir können leicht feststellen, daß Eis ein größeres Volumen einnimmt als gewöhnliches Wasser. Beobachten wir einige Zeit lang den Eiswürfel an der Wasseroberfläche des randvoll gefüllten Glases. Zunächst ragt die Spitze des Eiswürfels aus dem Wasser, wie es das erste Bild zeigt. Wer würde nun nicht vermuten, daß das Wasser überläuft, wenn der Eiswürfel immer mehr schmilzt? Das Gegenteil ist der Fall. Beim Schmelzen des Eises läuft kein Tropfen Wasser über, weil das Wasser beim Übergang von der Eisform in die flüssige Form sein Volumen entsprechend verringert.

Wir brauchen:
Glas
Wasser
Eiswürfel

Wir zeigen, warum Eisberge an der Wasseroberfläche treiben

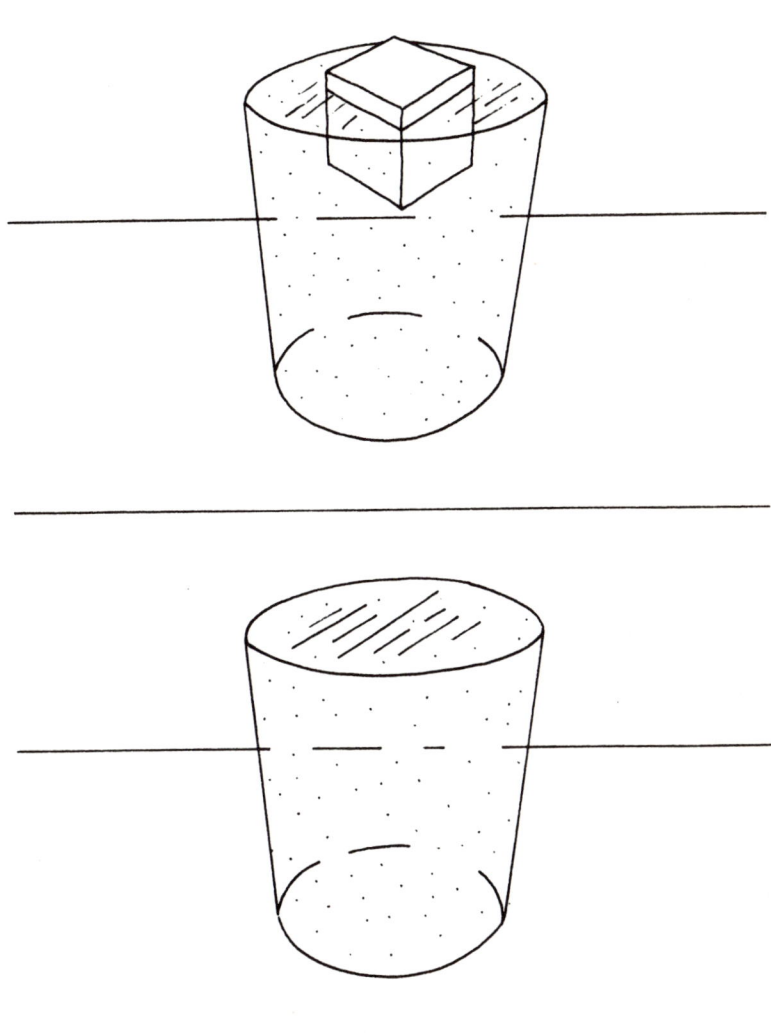

Die stabile Eierschale

Ein Ei läßt sich leicht zerbrechen, aber eine Eierschale ist stabiler, als wir zunächst vermuten. Wir nehmen eine halbe Eierschale und entfernen vom Rand sorgfältig alle überstehenden Stückchen, so daß dieser möglichst gerade ist. Diese Eierschalenhaube legen wir mit der Öffnung nach unten auf ein Tuch. Dasselbe machen wir noch mit drei weiteren Schalenhälften und legen dann ein Buch auf die Spitzen der vier Eierschalen, wie es das Bild zeigt. Auf dieses Buch können wir noch etliche Bücher mit einem Gesamtgewicht so um die 20 Pfund stapeln, bevor die Eierschalen Risse bekommen und schließlich unter der Last zusammenbrechen. Warum ist eine Eierschale so stabil?
Obwohl ein Ei sich durch einen kurzen kräftigen Druck mit der Hand zerbrechen läßt, gehört schon wesentlich mehr Kraft dazu, eine Eierschale zu zerbrechen, wenn sie wie in unserem Versuch belastet wird. Der Grund für die Widerstandsfähigkeit der Eierschale ist ihre gebogene Form, durch welche die wirkenden Kräfte so verteilt werden, daß sie der Schale weniger anhaben können. Die hohe Tragfähigkeit von Bogenkonstruktionen haben z. B. die Baumeister von Kirchen ausgenutzt, indem sie die Gewölbe bogenförmig gestaltet haben, wie wir es in vielen Kirchen sehen können.

Wir brauchen: Vier halbe Eierschalen   Tuch
   Kleine Schere   Mehrere Bücher

Wir zeigen, wie stabil eine Eierschale ist

Der gebogene Wasserstrahl

Wir fahren mit einem Plastikkamm ein paarmal schnell durch unsere Haare. Dabei wird der Kamm (wie auch unsere Haare) durch die Reibung an den Haaren elektrisch aufgeladen. Wir lassen aus dem Wasserhahn einen dünnen Wasserstrahl rinnen und nähern den Kamm langsam dem Wasserstrahl. Wenn der Kamm etwa nur noch 2 cm vom Strahl entfernt ist, können wir beobachten, daß der Wasserstrahl etwas zum Kamm hin abgelenkt wird. Dieser Versuch zeigt uns, daß Wasser von elektrisch geladenen Körpern angezogen wird. Bei der Annäherung des Kamms an den Wasserstrahl müssen wir darauf achten, daß der Kamm nicht naß wird, weil der Versuch sonst nicht funktioniert. Wenn wir glauben, alles richtig gemacht zu haben, und trotzdem keine Ablenkung des Wasserstrahls bemerken, müssen wir noch ein paarmal mit dem Kamm kräftig durch unsere Haare fahren, um den Kamm stark genug elektrisch aufzuladen.

Wir bewegen einen Wasserstrahl, ohne ihn zu berühren

Wir brauchen:
Plastikkamm
Dünnen Wasserstrahl

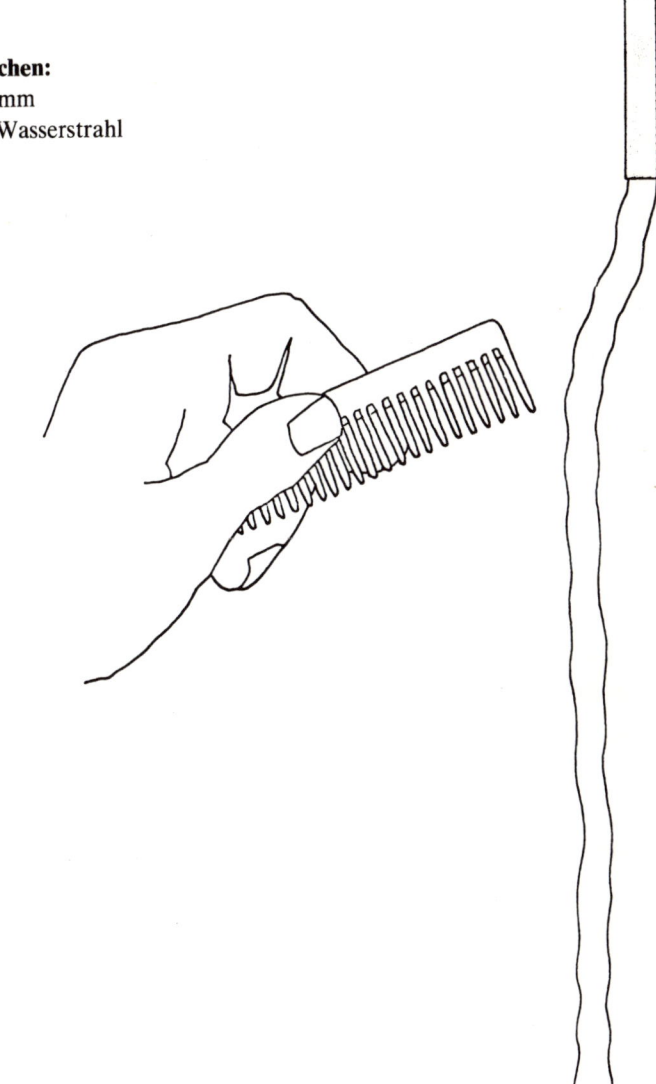

Die abgeplattete Erde

Der Durchmesser der Erde ist, am Äquator gemessen, größer als zwischen den Polen, so daß die Erde am Äquator etwas aufgewölbt ist. Wie ist diese Aufwölbung entstanden?

Wir schneiden uns aus einem großen, steifen Papierbogen einen etwa $^1/_2$ m langen und 3 cm breiten Papierstreifen zurecht und kleben ihn an den Enden zusammen, so daß wir eine kreisförmige Papierschleife erhalten. Dann bohren wir einen langen Bleistift durch den Papierring und stecken ihn mit dem stumpfen Ende in die Öffnung eines elektrischen Rührmixgerätes. Es ist sehr wichtig, daß der Bleistift an der oberen Seite fest im Papierstreifen sitzt, während der untere Teil des Streifens (in Nähe der Bleistiftspitze) längs des Bleistifts leicht beweglich sein muß. Der Papierstreifen hat zunächst die Form eines Kreises. Wenn wir den Rührmix anschalten, wölbt sich der rotierende Papierstreifen an den Seiten auf, wie es das Bild zeigt. Je schneller er sich dreht, um so stärker verformt sich der Streifenkreis.

Die Verformung wird durch die Fliehkraft (Zentrifugalkraft) bewirkt. Da sich auch unsere Erde wie ein Kreisel dreht, wirkt diese Kraft auch auf den Erdkörper ein und hat ihn im Laufe der Erdgeschichte ein wenig verformt: Die Erde ist – wie im Versuch der Papierstreifen – etwas abgeplattet.

Wir zeigen, warum die Erde keine exakte Kugel ist

Wir brauchen:
Elektrisches Rührmixgerät
Bleistift
Lineal

Großen Bogen
aus steifem Papier
Klebstoff
Schere

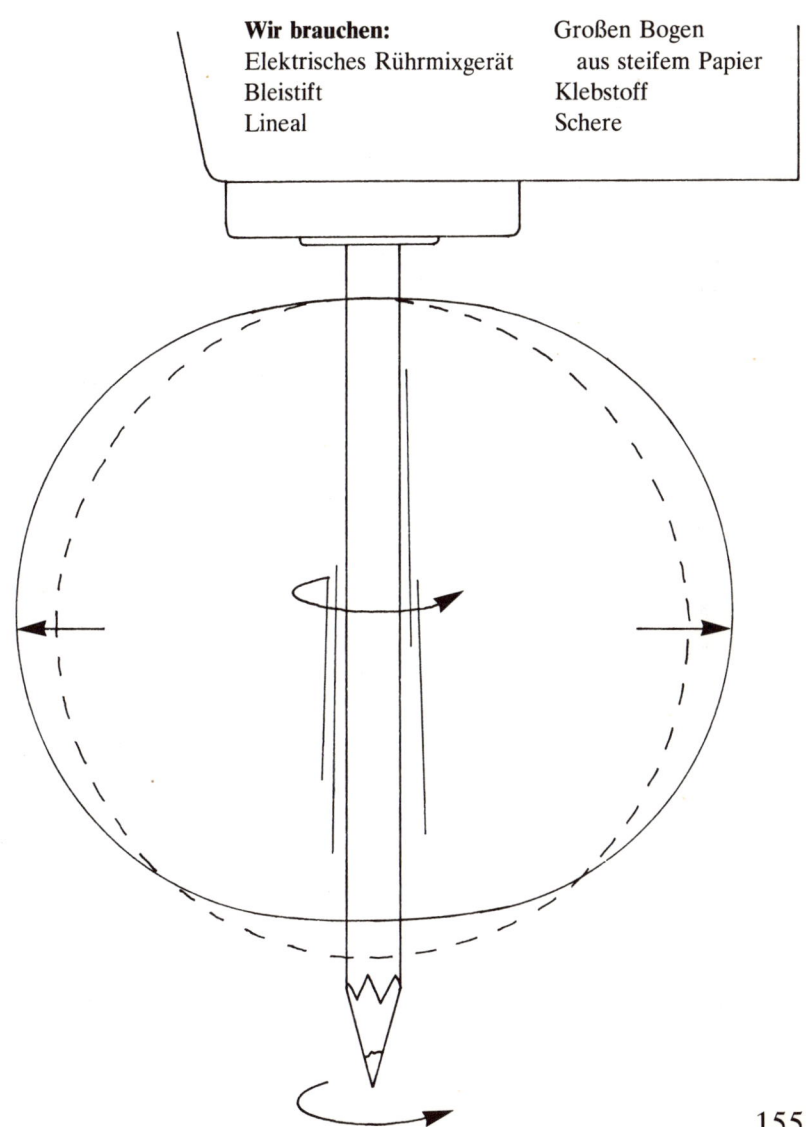

Das Streichholzboot

Mit einem Messer spalten wir ein Streichholz am Holzende etwas auf, wie es das erste Bild zeigt. Dann geben wir behutsam einen Tropfen Spülmittel in den Spalt und legen das Streichholz in eine Schüssel mit Wasser. Sofort schießt das Streichholz ein kleines Stückchen vorwärts.
Die Antriebskraft für das Streichholz kommt vom Spülmittel, das die sogenannte Oberflächenspannung des Wassers verringert. Dadurch werden die Wasserteilchen ein wenig aus dem Spalt herausgedrückt und treiben durch Wirkung des Rückstoßes das Streichholzboot vorwärts.

Wir brauchen:
Streichhölzer
Spülmittel
Messer
Wasserschüssel

Wir basteln ein Rennboot aus einem Streichholz

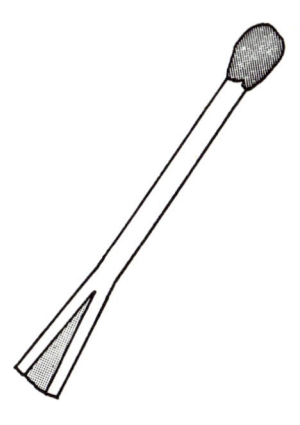

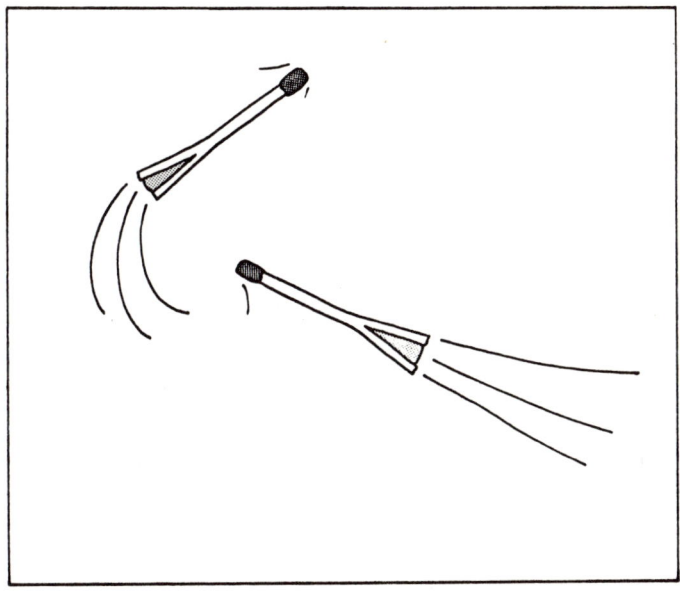

Die wachslose Kerze

Auf dem ebenen Boden einer flachen Schale befestigen wir mit Plastilin (Knetmasse) ein Stück dicke Schnur und lassen diese, wie einen Docht, etwa 5 cm emporragen. Dann füllen wir die Schale etwa 5 mm hoch mit Wasser. Darüber gießen wir eine 1 cm dicke Schicht Speiseöl und tränken den noch herausragenden Teil der Schnur ebenfalls mit Öl. Das Bild zeigt die Anordnung. Wenn wir nun die Schnur anzünden, die wie ein Kerzendocht wirkt, haben wir ein Öllämpchen, das für längere Zeit brennt.

Wir brauchen:
Flache Schale mit ebenem Boden
Kurze dicke Schnur
Plastilin (Knetmasse)
Wasser
Speiseöl
Streichhölzer

Wir machen eine Kerze ohne Wachs

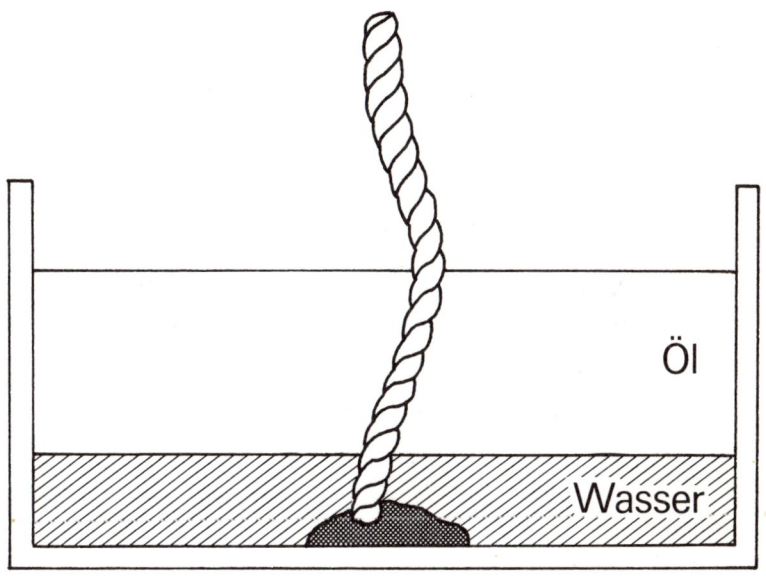

Gekocht oder roh?

Wir legen ein hartgekochtes und ein rohes Ei auf einen Tisch und versetzen sie in Drehung, wie es das Bild A zeigt. Dann drücken wir mit dem Zeigefinger leicht auf die beiden rotierenden Eier (Bild B) und bremsen sie dadurch ab. Wir ziehen den Finger schnell wieder zurück und bemerken dabei, daß das eine Ei sich weiterhin dreht, während das andere zur Ruhe gekommen ist (Bild C). Es ist das hartgekochte Ei, das sich nicht mehr dreht. Hingegen wirkt der flüssige Inhalt des rohen Eies wie ein Schwungrad und hält dieses dadurch in Drehung.

Wir brauchen:
Hartgekochtes Ei
Rohes Ei
Tisch

Wir prüfen, ob Eier roh oder hartgekocht sind, ohne sie aufzuschlagen

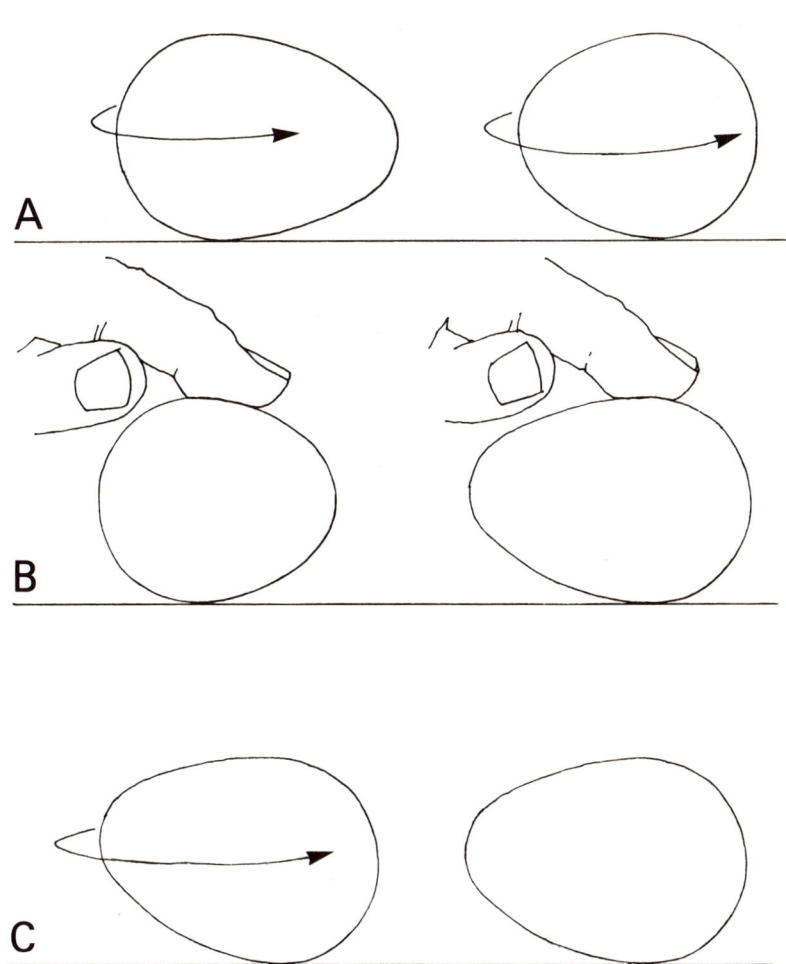

Der Feuerlöscher

An die Innenwand eines Glases mit weitem Schraubverschluß leimen wir in etwa 5 cm Abstand vom Deckel eine Leiste (Vorsprung) aus Pappe oder dünnem Blech. In den Schraubverschlußdeckel bohren wir ein weites Loch und zwängen ein kurzes Stück Schlauch hinein, wie es das erste Bild zeigt. Dann füllen wir das Glas etwa zur Hälfte mit Essig. Auf die Leiste geben wir vorsichtig Natriumbicarbonat, wobei wir darauf achten müssen, daß kein Krümel des Pulvers mit dem Essig in Berührung kommt. Wir schrauben den mit Schlauch versehenen Deckel fest zu.
Solange das Glas senkrecht steht, sind der Essig und das Natriumbicarbonat voneinander getrennt. Sobald wir aber das Glas ruckartig umdrehen, vermischen sich die beiden Stoffe, und es findet eine chemische Reaktion statt: Aus dem Schlauch entweicht ein Schaumstrahl, wie es das zweite Bild zeigt.
Mit diesem Schaum können wir ein kleines Feuer, z. B. die Flammen mehrerer Kerzen, löschen. Die flammenerstickende Wirkung geht aber nicht nur vom Schaum aus. Bei der Reaktion zwischen Essig und Natriumbicarbonat entsteht das Gas Kohlendioxid, das ebenfalls feuerlöschende Eigenschaften hat.

Wir basteln einen Feuerlöscher

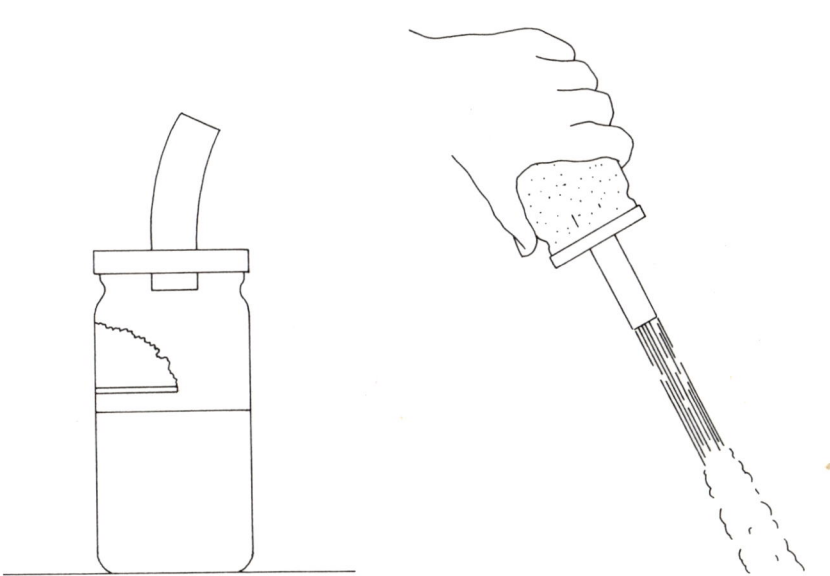

Wir brauchen:
Klebstoff
Pappe oder dünnes Blech
Glas mit Schraubverschluß
Kurzes Stück Schlauch
Essig
Natriumbicarbonat
Löffel
Mehrere Kerzen
Kerzenhalter
Streichhölzer
Bohrer

Der aufsteigende Apfel

Durch die Röhre einer großen Garnrolle stecken wir eine kräftige, etwa 1 m lange Schnur. An dem oberen Schnurende befestigen wir eine kleine Garnrolle, das untere Ende stecken wir durch einen Apfel und befestigen ihn mit einem Knoten. Nun halten wir die große Garnrolle aufrecht in unserer Hand und führen mit ihr kreisende Bewegungen aus, so daß die kleine Garnrolle am Schnurende in immer weiteren Kreisen herumschwingt, wie es das Bild zeigt.
Durch die Fliehkraft (Zentrifugalkraft) der herumschwingenden kleinen Garnrolle wird die Schnur immer höher durch die Röhre der großen Garnrolle gezogen und hebt dadurch den Apfel hoch.

Wir brauchen:
Kräftige, etwa 1 m lange Schnur
Große Garnrolle
Kleine Garnrolle
Apfel

Wir heben einen Apfel hoch, ohne ihn zu berühren

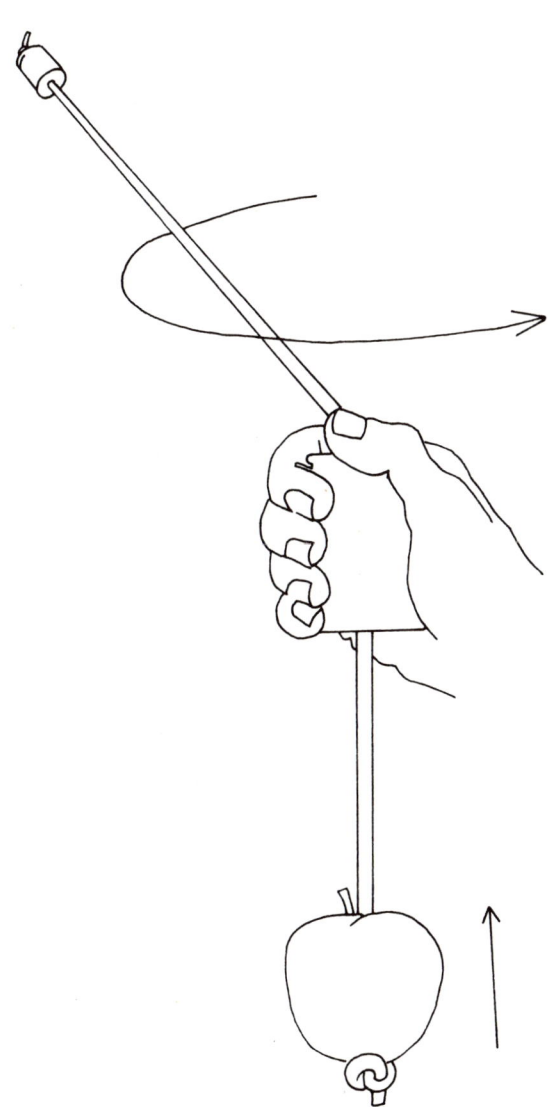

Der Luftdruck-Versuch

Eine durchsichtige, zu einer U-Form gebogene Röhre (oder Schlauch) füllen wir zur Hälfte mit Wasser, wie es das Bild A zeigt. Mit unserem Daumen drücken wir auf eine der Öffnungen und neigen die U-Röhre vorsichtig nach dieser Seite, bis das Wasser den ganzen Schenkel ausfüllt und unseren Daumen berührt. Dann halten wir die Röhre wieder aufrecht, wobei wir den Daumen weiterhin fest auf die Öffnung gepreßt halten. Dabei beobachten wir, daß das Wasser seine ursprüngliche Lage nicht wieder einnimmt, sondern nach wie vor in dem einen Schenkel bis zum Daumen reicht, wie es das Bild B zeigt. Während die Luft mit ihrem Gewicht auf dem im offenen Schenkel stehenden Wasser lastet, kann sich der Luftdruck auf die im anderen Schenkel stehende Wassersäule nicht auswirken, weil die Öffnung durch unseren Daumen hermetisch versperrt ist. Daher drückt die Luft das Wasser in dem offenen Schenkel nieder und hält dadurch die Wassersäule im anderen Schenkel hoch. Dieser Versuch zeigt uns, daß Luft ein Gewicht hat.

Wir brauchen:
Durchsichtige, U-förmige Röhre oder Schlauch
Wasser

Wir demonstrieren die Wirkung des Luftdrucks

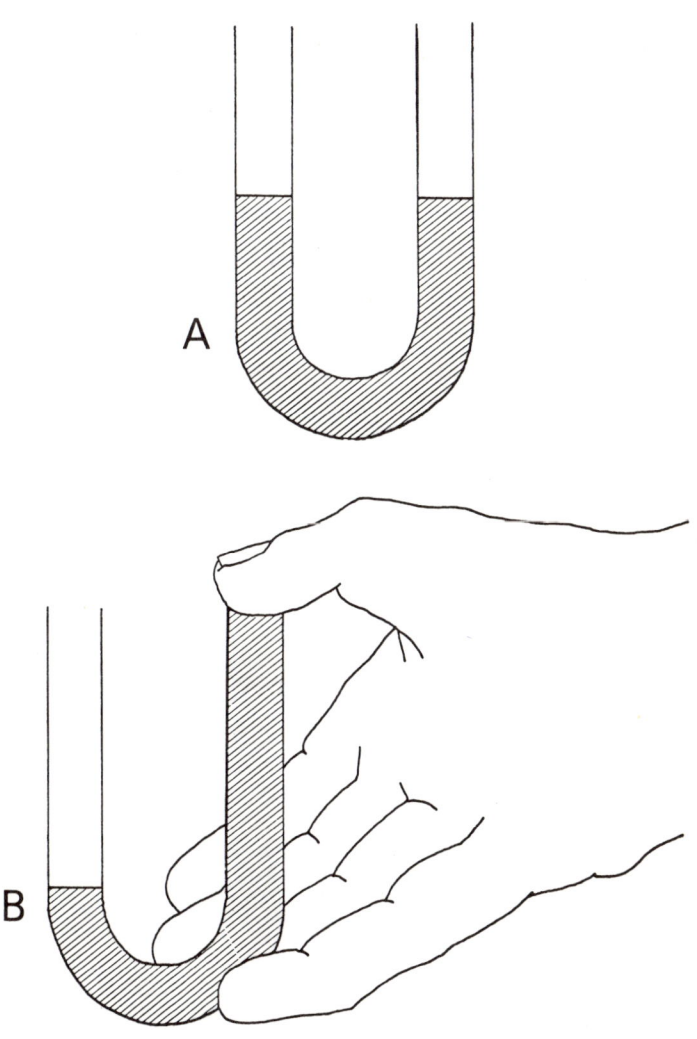

Wo liegt der Kreismittelpunkt?

Wir legen ein Blatt Papier so auf einen Kreis, daß eine Ecke des Blatts genau mit der Kreislinie zusammenfällt, wie es das erste Bild zeigt. Dann markieren wir die beiden Punkte a und b, an denen der Kreis die beiden Seiten des Blatts berührt. (An welcher Stelle die Ecke des Blatts die Kreislinie berührt, ist gleichgültig.) Wir verbinden die Punkte a und b mit einer geraden Linie. Anschließend drehen wir das Blatt, so daß die Ecke des Blatts die Kreislinie an einem anderen Punkt berührt (gestrichelte Linie im zweiten Bild). Die neuen Berührungspunkte c und d an den Seiten des Blatts verbinden wir ebenfalls. Der Schnittpunkt e der beiden Geraden a–b und c–d ist der gesuchte Mittelpunkt des Kreises.

Wir brauchen:
Blatt Papier
oder Zeichenkarton
mit aufgezeichnetem Kreis
Blatt Papier
Bleistift
Lineal

Wir finden ohne Zirkel den Mittelpunkt eines Kreises

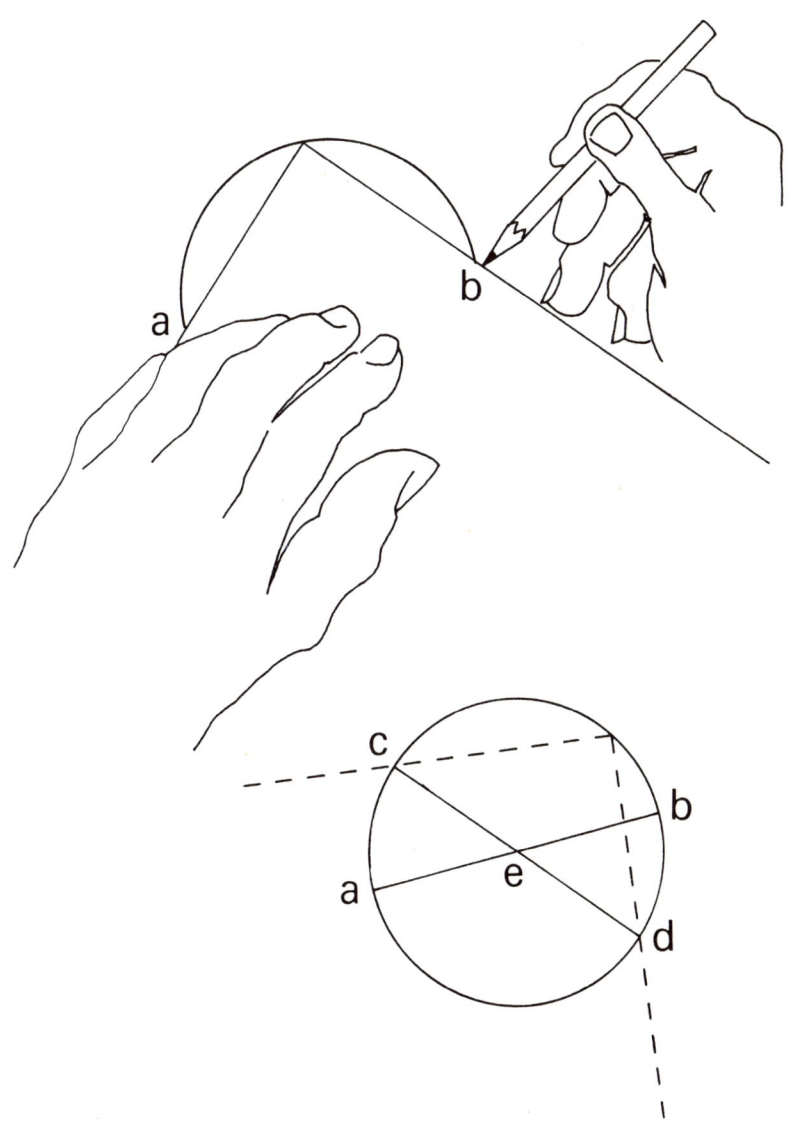

Der Unterwasser-Vulkan

Wir füllen ein kleines Fläschchen mit heißem Wasser und färben das Wasser mit einigen Tropfen Tinte rot. Dann befestigen wir einen Faden am Hals des Fläschchens und lassen es am Faden langsam in ein großes, mit kaltem Wasser gefülltes Glas hinab. Aus der Flaschenöffnung beginnt – einem Vulkan gleich – eine Wolke von rot gefärbtem Wasser zu strömen und steigt langsam zur Oberfläche des kalten Wassers im Glas empor.
Dieser Versuch zeigt uns, daß heißes Wasser ein größeres Volumen einnimmt, d. h. spezifisch leichter ist als kaltes Wasser und daher in kaltem Wasser aufsteigt. (Durch das Erhitzen vergrößern sich die Abstände zwischen den Wasserteilchen und daher auch das Volumen des Wassers.)
Schon nach kurzer Zeit vermischen sich das heiße und kalte Wasser vollständig, so daß bald das ganze Wasser im Glas rot gefärbt ist.

Wir brauchen:
Kleines Fläschchen
Heißes Wasser
Rote Tinte
Faden
Großes Glas mit kaltem Wasser

Wir bringen unter Wasser einen „Flaschenvulkan" zum Ausbruch

Der störrische Luftballon

Wir stopfen einen runden (nicht aufgeblasenen) Luftballon in eine große, breite Flasche und stülpen seine Blasöffnung über den Flaschenrand, wie es das erste Bild zeigt. Nun versuchen wir mit all unserer Puste, den Ballon aufzublasen. Dabei stellen wir fest, daß der Ballon sich dagegen wehrt, dick und rund zu werden. Er füllt kaum mehr als die Hälfte der Flasche aus. Warum?

Beim Aufblasen des Ballons erhöhen wir den Luftdruck in seinem Innern. Gleichzeitig wächst aber auch der Gegendruck der in der Flasche eingeschlossenen Luft.

Die Luft in der Flasche erfüllt ein bestimmtes Volumen. Wenn sich ihr Druck erhöht, kann sie sich nicht weiter ausdehnen, weil sie durch den über den Flaschenrand gestülpten Luftballon hermetisch eingeschlossen ist. Wenn wir versuchen, den Ballon aufzublasen, drückt dieser die Luft in der Flasche etwas zusammen, so daß die Luft ein etwas kleineres Volumen einnimmt. Gleichzeitig übt sie aber einen entsprechend großen Gegendruck auf den Ballon aus. Dieser läßt sich daher nur so lange aufblasen, wie der von unseren Lungen erzeugte Luftdruck größer ist als der Druck in der Flasche.

Wir brauchen:
Runden Luftballon
Große Flasche

Ein Ballon läßt sich nicht aufblasen

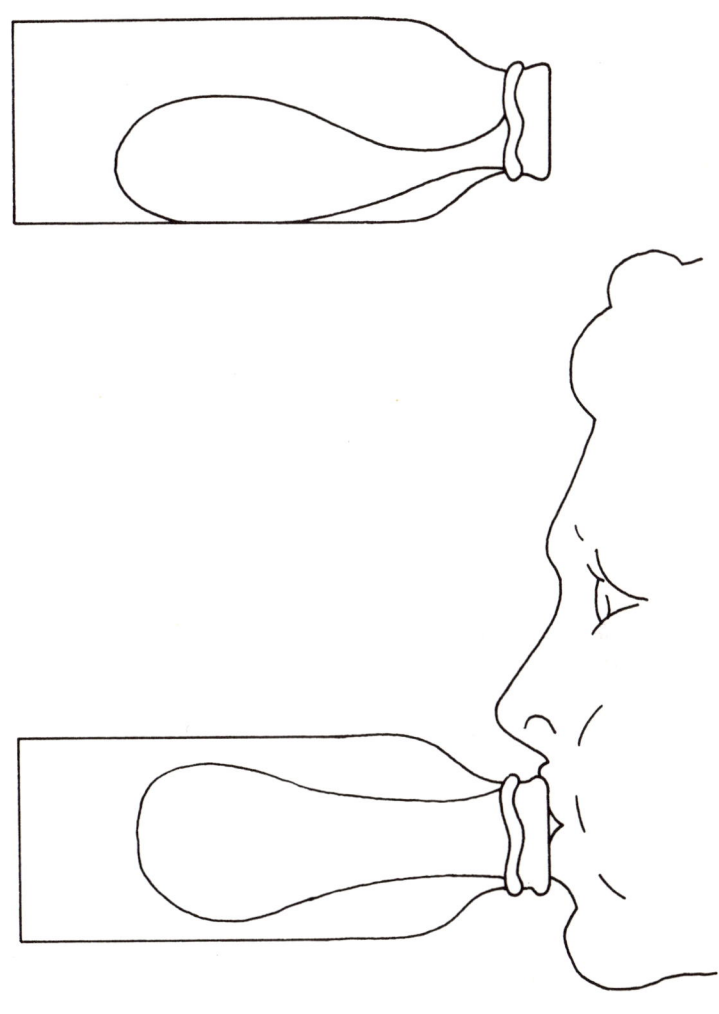

Die aufsteigende Murmel

Wir legen eine Glasmurmel auf eine glatte Tischplatte und stülpen ein breites Glas mit eingedelltem Rand darüber. Mit einem kleinen Trick können wir die Murmel von der Tischplatte hochheben, ohne sie anzufassen. Wir nehmen das Glas mit der Hand und führen – immer schneller werdend – kreisförmige Bewegungen aus, wobei die Murmel an der Innenseite des Glases in immer schnellere Rotation versetzt wird. Je schneller wir das Glas kreisförmig bewegen, um so schneller rast die Kugel. Von einer bestimmten Geschwindigkeit an können wir das Glas vorsichtig hochheben, ohne daß die umlaufende Kugel herausfällt. Diese wird nämlich bei ihrer Drehbewegung durch die Fliehkraft gegen die Flaschenwand gepreßt und fällt erst herunter, wenn ihre Drehbewegung zu langsam wird.

Wir brauchen:
Glasmurmel
Breites Glas mit eingedelltem Rand

Wir heben eine Murmel hoch, ohne sie zu berühren

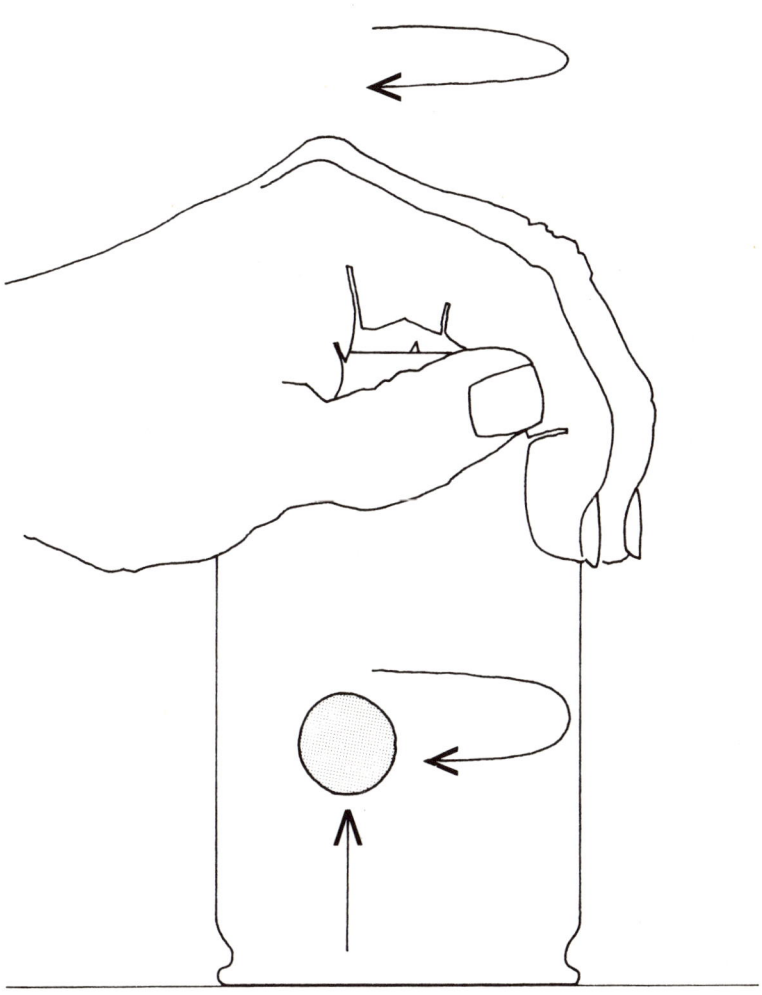

Die unruhigen Mottenkugeln

Wir füllen Wasser in ein Glas und geben jeweils einen Eßlöffel Natriumbicarbonat und Essig hinzu. Diese Mischung verrühren wir, bis sich das Natriumbicarbonat ganz gelöst hat. Dann geben wir drei oder vier Mottenkugeln in das Glas. Sofort bilden sich um die Kugeln Gasbläschen aus Kohlendioxid, die zusammen mit den Kugeln zur Oberfläche aufsteigen. Beim Erreichen der Oberfläche zerplatzen einige der Gasbläschen, wenn sie mit der Luft in Berührung kommen. Dadurch sinken die Mottenkugeln wieder tiefer, bis sich erneut eine ausreichende Zahl sie umgebender Gasbläschen gebildet hat und sie wieder aufsteigen. Dieser Vorgang wiederholt sich mehrere Male.

Wir brauchen:
Glas
Wasser
Eßlöffel
Natriumbicarbonat
Essig
Mottenkugeln

Wir lassen Mottenkugeln in einem Glas auf- und niedersteigen

Der fliehende Pfeffer

In einen Teller geben wir etwas Wasser und verteilen gleichmäßig Pfeffer über die Wasseroberfläche, so daß diese von einer hauchdünnen schwimmenden Pfefferschicht bedeckt ist. Dann berühren wir die Wasseroberfläche am Tellerrand kurz mit einem angefeuchteten Stück Seife. In dem Augenblick, in dem die Seife das Wasser berührt, zieht sich die „Wasserhaut" schnell zur entgegengesetzten Seite des Tellerrandes zurück.
Ursache dafür ist die Seife, welche die sogenannte Oberflächenspannung des Wassers vermindert. Diese Bewegung der „Wasserhaut" wird durch den Pfeffer sichtbar gemacht.

Wir brauchen:
Pfeffer
Teller
Wasser
Stück Seife

Wir bewegen Pfeffer mit einem Stück Seife

Die schlaffe Schnur

Wir verknoten ein schweres Buch in der Mitte einer 1 bis 2 m langen Schnur und bitten einen Freund, das eine Schnurende festzuhalten, während wir das andere in die Hand nehmen. Nun versuchen wir mit vereinten Kräften, die Schnur geradezuziehen. Es wird uns nicht gelingen. Je kleiner der Winkel zwischen jeder Schnurhälfte und dem Buch ist, um so größere Kraft müssen wir aufwenden, um das Buch in dieser Lage in der Schwebe zu halten. Selbst wenn wir Riesenkräfte hätten, würden wir es nicht schaffen, die beiden Schnurhälften in eine gerade Linie zueinander zu bekommen. Die hierzu erforderliche Kraft ist so groß, daß die Schnur vorher reißen würde.

Wir brauchen:
Schweres Buch
1 bis 2 m lange Schnur

Eine Schnur läßt sich nicht geradeziehen

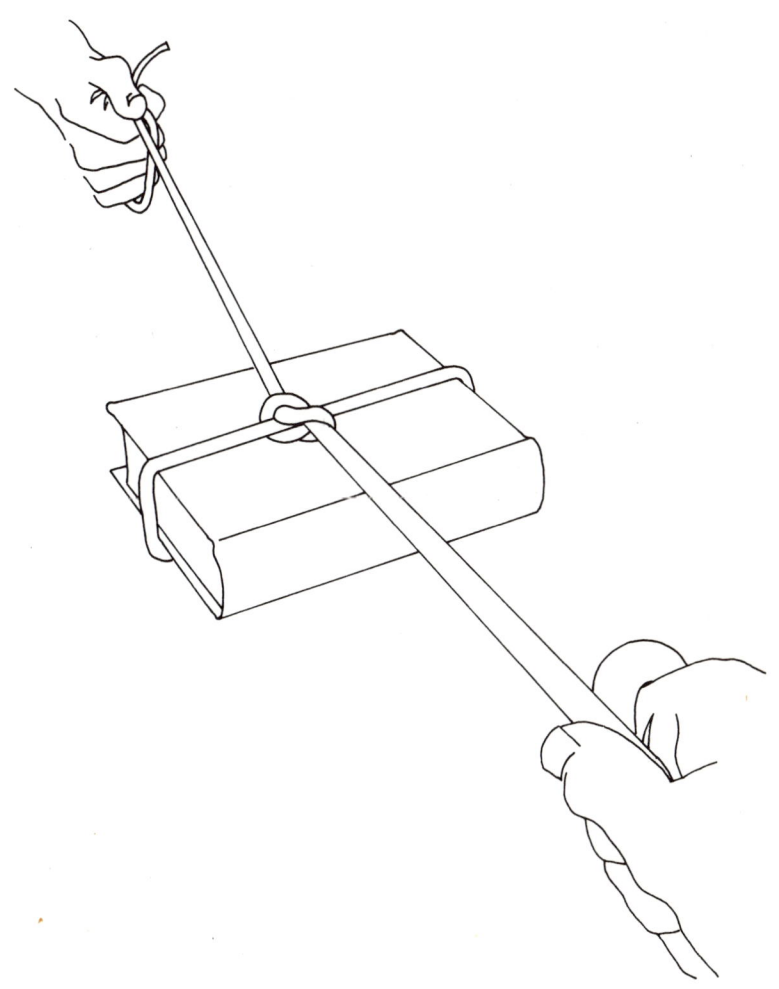

Das wasserdicht eingeschlossene Papier

Wir zerknüllen ein Stück Papier und stopfen es so fest in ein trockenes Glas, daß es nicht mehr als die Hälfte des Glases ausfüllt und nicht herausfällt, wenn das Glas umgestülpt wird. Dann tauchen wir das Glas umgekehrt sehr schnell in eine mit Wasser gefüllte Schüssel. Zu unserem Erstaunen steigt das Wasser im Glas nur wenig hoch und reicht nicht bis zum Papier, das daher trocken bleibt.

Das Wasser steigt im umgestülpten Glas nur bis zu einer gewissen Höhe, weil sich im Glas Luft befindet und diese ein bestimmtes Volumen einnimmt. Durch das im Glas aufsteigende Wasser wird die Luft etwas zusammengedrückt und verhindert ab einem bestimmten Druck das weitere Aufsteigen von Wasser.

Wir brauchen:
Papier
Hohes Glas
Wasserschüssel

*Wir tauchen ein Stück Papier
unter Wasser, ohne daß es naß wird*

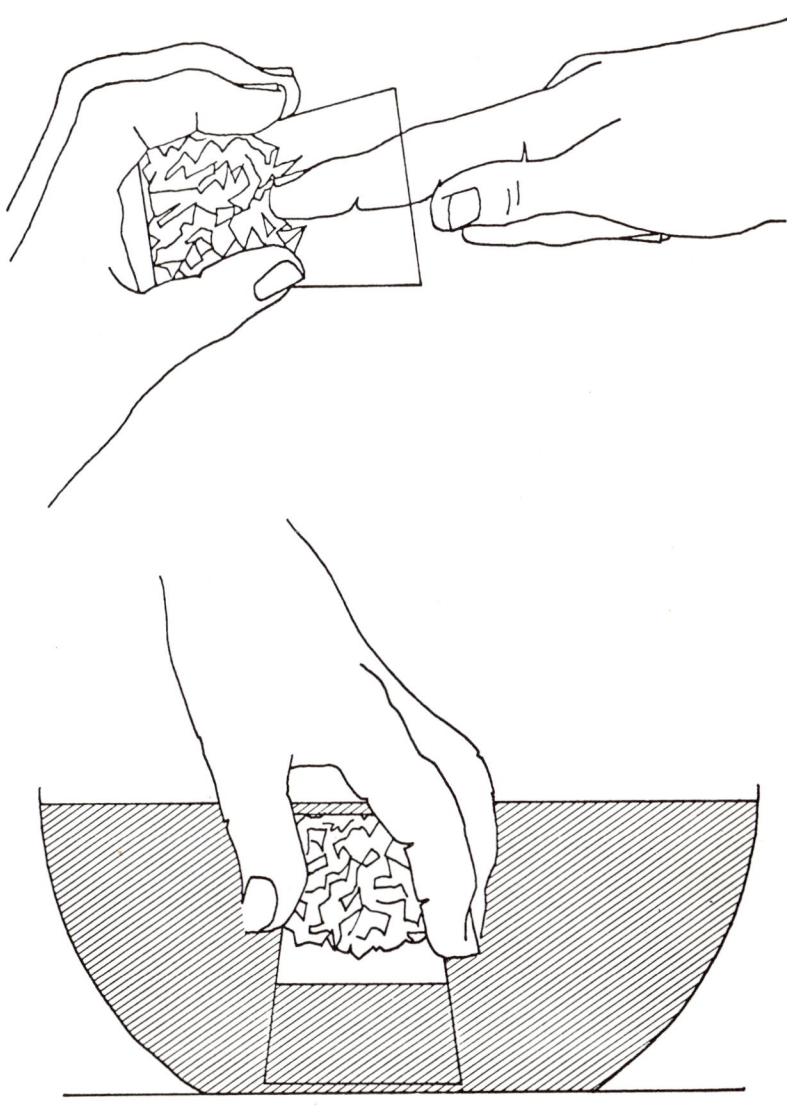

Die Eier im Glas

Den folgenden Versuch haben viele bestimmt schon bei einem Zauberer oder anderen Unterhaltungskünstlern gesehen. Man braucht aber kein Zauberer zu sein, sondern nur etwas Geschick und Übung, um den Versuch erfolgreich durchzuführen.

Wir füllen vier breite Gläser mit Wasser und legen ein dünnes, breites Lineal mit möglichst glatter Oberfläche quer über die vier Gläser, wie es das Bild zeigt. Über jedes Glas stellen wir eine Pappröhre auf das Lineal und setzen vier Eier mit ihrem „stumpfen" Ende auf die Pappröhren, die uns somit als „Eierbecher" dienen. Wir müssen darauf achten, daß die vier Eier sich genau über der Mitte der vier Gläser befinden. Jetzt konzentrieren wir uns auf den eigentlichen Trick. Wir schlagen mit der Hand blitzschnell seitlich gegen das Lineal, achten aber darauf, kein Glas zu berühren.

Vielleicht klappt es beim ersten Mal noch nicht. Aber mit etwas Geschick und Übung wird es uns schließlich gelingen, den Schlag so auszuführen, daß das Lineal von den Gläsern gefegt wird, die Papphülsen durch die Luft wirbeln, unsere kostbaren Eier hingegen sicher in die wassergefüllten Gläser plumpsen. Das Wasser in den Gläsern

Wir brauchen:	Vier Gläser mit weiter Öffnung
	Dünnes, breites Lineal
	Vier Pappröhren
	Vier Eier

Wir lassen vier Eier in vier Gläser fallen

dient nicht nur dazu, die Eier vor dem Zerbrechen zu bewahren. Durch das eingefüllte Wasser sind die Gläser schwer genug, um dem Schlag gegen das Lineal widerstehen zu können und nicht umzufallen. Die Gläser müssen eine weite Öffnung haben, damit die schräg nach unten fallenden Eier nicht danebenplumpsen und dann nur noch als Rühreier zu gebrauchen sind.

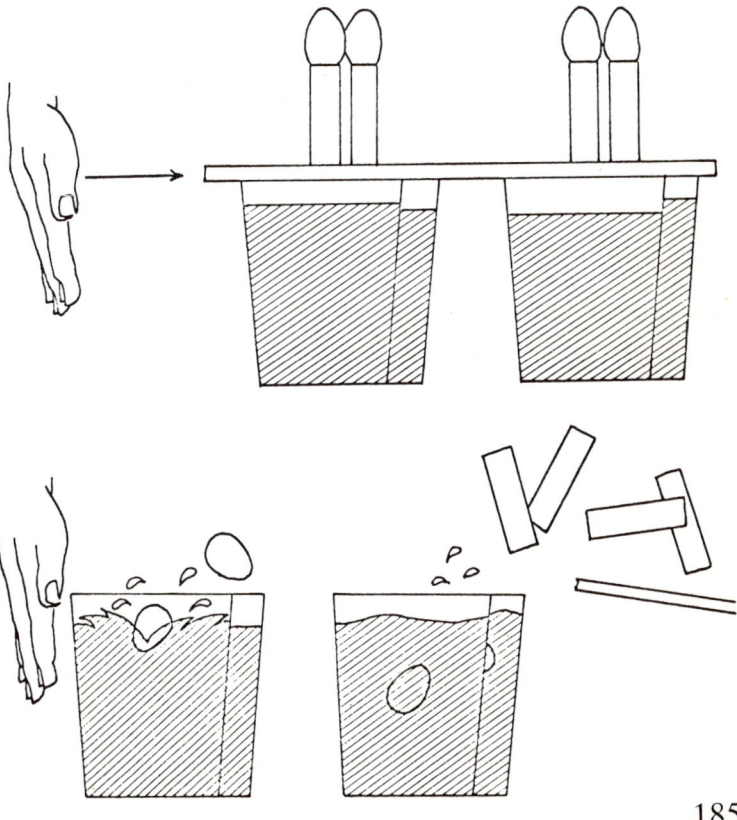

Die wechselnden Farben

Wir zerschneiden ein Rotkohlblatt in viele kleine Stückchen und legen sie für etwa 30 Minuten in kochendes Wasser. Auf diese Weise erhalten wir eine violett gefärbte Flüssigkeit.

In ein Glas (a) geben wir Wasser, in ein anderes (b) Essig und in ein drittes (c) Wasser mit etwas Soda (Natriumcarbonat). Die Flüssigkeiten in den drei Gläsern haben alle die gleiche Farbe.

Nun schütten wir etwas von dem violetten Rotkohl-Wasser in das Glas a. Das Wasser in diesem Glas nimmt ebenfalls eine violette Farbe an. Mischen wir aber etwas Rotkohl-Wasser mit dem Essig im Glas b, so wird dieser rot. Die Wasser-Soda-Mischung in Glas c schließlich verwandelt sich bei Zugabe des Rotkohl-Wassers in eine grüne Flüssigkeit.

Das violette Rotkohl-Wasser hat die Eigenschaft, sich mit Säuren (wie Essig) in eine rote und mit Basen oder Laugen (wie die Wasser-Soda-Mischung) in eine grüne Flüssigkeit zu verwandeln.

Wir verwandeln Violett in andere Farben

Wir brauchen:
Rotkohl
Messer
Schneidebrett
Kleinen Topf
　mit kochendem Wasser
Glas mit Essig
Glas mit Wasser und Soda
Glas mit Wasser

a

b　　　c